"身边的轻科学"系列

家庭里的科学

[意] 维托里奥·马奇斯（Vittorio Marchis）◎著
锐拓◎译

SPM 南方传媒 | 广东科技出版社
全国优秀出版社
·广州·

图书在版编目（CIP）数据

“身边的轻科学”系列. 家庭里的科学 /（意）维托里奥・马奇斯著；锐拓译. —广州：广东科技出版社，2022.6
ISBN 978-7-5359-7819-6

Ⅰ. ①身… Ⅱ. ①维… ②锐… Ⅲ. ①自然科学—普及读物 Ⅳ. ①N49

中国版本图书馆CIP数据核字（2022）第017176号

“身边的轻科学”系列：家庭里的科学
“Shenbian de Qingkexue” Xilie：Jiating Li de Kexue

出 版 人：严奉强
责任编辑：尉义明
封面设计：王玉美
责任校对：陈 静
责任印制：彭海波
出版发行：广东科技出版社
（广州市环市东路水荫路 11 号 邮政编码：510075）
销售热线：020-37607413
http://www.gdstp.com.cn
E-mail：gdkjbw@nfcb.com.cn
经 销：广东新华发行集团股份有限公司
排 版：创溢文化
印 刷：广州市彩源印刷有限公司
（广州市黄埔区百合三路 8 号 邮政编码：510700）
规 格：889mm × 1 194mm 1/32 印张 6 字数 150 千
版 次：2022 年 6 月第 1 版
2022 年 6 月第 1 次印刷
定 价：39.80 元

如发现因印装质量问题影响阅读，请与广东科技出版社印制室
联系调换（电话：020-37607272）。

目 录

Contents

引言

走到楼梯间，就将钥匙拿在手上

每套房子的设计图就是它最开始建筑时所依照的模板：理想的设计会让那些购买或租用这套房子的人对它满怀憧憬。一套清水房很快就将添置上各种物品，直到整套房子看起来满满当当。《室内设计》杂志和建筑类的书籍一般都向读者介绍空旷或者简约的陈设环境，很难想象有人会居住于此，哪怕只待上半天的时间。与其如此，倒不如称赞一下我们每天都杂乱无章的房间。人们每天都生活在用墙围起的房屋之中，其中的日常生活却能以故事专栏、八卦流言、科幻小说和电影的形式呈现出来，可是大家也不要忘了，这些情节发生的前提，就是先要有人去和螺丝、螺栓、电线和灯管打交道，因为只有如此，我们才能看到一个家的雏形。起初这个房子可能不是那么理想，可我们也正是在这样一个地方开启新的生活。

上楼之后，我们终于到家了。它不仅仅是一家人回归的“港湾”，也不仅仅是建筑师和设计师设计冰冷的墙体结构，而是一处蕴含着许多含义的地方。家是众多生活舞台中的一处，或许也是最重要的“舞台”。家和我们的生活息息相关，并且又带有强烈的个人色彩。它如同所有演出一样，不仅需要有“演员”，还得有“舞台道具”。简而言之，家就是我们生活的地方，其中大有学问，那便是——家庭里的科学。

家是一个充满了家用电器、陶器、花瓶和陈设各种物件的空间。最早的人类（Homo habilis）需要不断记下他们所做过的事情，比如工具的使用，这是一种生存的本能。但是在他们所生活的社会之中，并不需要去掌握一些特定的专业技能，比如后来出现的修理熨斗的电工技术，再到实验室中科学家开发的新技术，这些不仅是技术学院学生或工程师所需要掌握的，更是现代人类（Homo sapiens）生活中所不可或缺的元素。

约瑟·奥特加·伊·加塞特（José Ortega y Gasset）大约

在100年前说过：“没有技术，人类将永远不会进步。”

著名的建筑历史学家约瑟夫·里克韦特（Joseph Rykwert）在《天堂的亚当之家》中讲述了神话故事和乌托邦生活。但是如果从哲学和建筑角度去解读“家”的概念，那么将鲜有人关注到家的实质内容。在《奥德赛》中，家是英雄们一生漫长流浪之旅的冒险中心；尤利西斯（Ulisse）在伊萨卡（Ithaca）的家里甚至有浴室（《神曲》第十四首）、插销门（《神曲》第十六首）、壁炉，最重要的是有一张特殊的床（《神曲》第十八首）。虽然有这些例子，但其中对室内环境、陈设及功能的描述仍没有引起人们多大的兴趣。维特鲁威（Vitruvius）的《建筑师》（*De Architectura*）一书中对住宅的考量基本上仅限于建筑技术层面，如果要说在很长一段时间内都值得称赞的家庭建造技术，则要数公元前3世纪希腊工程师克特西比乌斯（*Ctesibio*）所设计的活塞泵。到文艺复兴时期，令人惊奇的喷泉出现了，不过最重要的是那些可以启动轮转器或者能发动通风机的有用装置。

亚历山德罗·卡普拉（Alessandro Capra）是克雷莫纳（意大利北部城市）的一名建筑师，他的《家庭建筑》（*Architettura famigliare*）于1678年首次出版，在他去世后又重印了几次。这本建筑手册就像“一个家用和面机”的存在一样，用于“为一个有10口人或14口人的家庭做面包”，它涵盖了几个常用主题，包括一些液压和机械装置来进行房间的翻新，并且还涉及了电泵、打粉机、和面机等，这类技术设备也逐渐从手工作坊传播到了家庭之中。

19世纪中叶，在工业革命的长期影响下，消费型社会的建立引起了人们对家庭用品的重视。1851年的伦敦世界博览会在水晶宫成功举行，会上展出了大量器具，其中大部分器具虽没什么具体的用途，但在维多利亚时代却是不可或缺的室内装饰品。

我们也有一些小房间，称为康复室，我们会对这些房间内的空气做特殊处理，使之适合治疗各种疾病、维护健康……我们还成功掌握了给光线着色的方法，在形态、大小、运动和颜色上足以以假乱真，让人眼花缭乱、应接不暇，同时我们还能够投射出各种影子。我们还发现了利用不同的天体制造光线的方法，这是你们至今仍然未知的……我们还建造了几间“音响室”，在那里做了各种声音实验，音域之宽广，音色之齐全，都是你们所不能及的。

——摘自弗朗西斯·培根的《新亚特兰提斯》（1724年）

此后，博览会之风盛起，从巴黎（1855年）开始蔓延，到了伦敦（1862年）、维也纳（1873年）、费城（1876年）、巴黎（1889年）、芝加哥（1893年）。这里只列举一些例子，当然还有在意大利的罗马（1874年）、米兰（1881年）和都灵（1884年）也都举办了博览会。1911年，为了庆祝统一50周年，意大利更是迎来了国际展览的高潮时刻。20世纪初，工业设计学诞生了，它是现代设计学及卫生工程学的先驱，致力于让房屋中具备自来水和卫生间，以此保持家的干净与整洁。

1902年，出版商尤立科·赫依颇利（Ulrico Hoepli）出版了安东尼奥·佩德里尼（Antonio Pedrini）的《未来的房屋》。虽然在这本手册中没有提到新技术，尤其是有关厨房里的技术，但这是一本“收集整理了家庭及城市卫生工程原理，用于城乡房屋卫生的管理及维护”的手册。

电的出现照亮了小巷，法国人称之为“童话般的电”（la fèe électrique）。技术改变了我们的生活方式，当然也包括家庭生活。19世纪末，在侏勒·凡尔纳（Jules Verne）的作品《蓓根的五亿法郎》（*Les cinq cent millions de la Bégum*）中，新技术就已经频频运用在日常的家庭生活中，法兰西城的房屋展现出了理想的舒适和高效，与斯塔尔斯达德（Stahlstadt）钢城的房屋形成鲜明对比。

> 建筑师必须要遵守已经制定的规则：……屋内上下的水管都沿着中央立柱布置，安装成明管不仅便于检修，如若遇上火灾，还能立即取水使用……四周通风，既能循环空气，又能排除异味……一架机械动力的升降机，可以把各种重物载运到每个楼层，它同电力和水资源一样，都以低廉的价格提供给住户。……每个房间都将根据个人喜好，配上以木柴或煤炭为原料的供暖系统，而且每个壁炉都有通风口。产生的煤烟将通过地下管道排放到专门的设备中，经过特殊处理的煤炭，变成无色气体，再经过一个高达35米的烟囱排向大气。
>
> ——摘自佚勒·凡尔纳的《蓓根的五亿法郎》

上文从古至今、从作家到建筑师等各个方面介绍了技术对家的重要性，尽管没有详细阐述，却也是很重要的参考，并有助于我们认识自己。如果突然之间，所有的机械技术都消失了，那么人类也将不复存在。事实上，机械技术已经成为我们不可分割的一部分了，尤其是在我们的家里及家庭生活中。

如果你认为《家庭里的科学》就只是对各种物品的使用指导，或者是对各种技术的讲解，这是不恰当的。一直以来，我们总是怀抱着各种幻想，在这些幻想的伴随下不断进步，我们平淡无奇的生活也因此充满了好奇、冒险，有时还很刺激。总而言之，用英语来形容，就是“terrific”。以上就是对本书的简要介

绍，就像你拿着钥匙准备开门回家之前，和邻居简单聊了几分钟一样，本书要创造的，是一个关于家庭科学的现代神话。

阿尔伯特·罗比达丰富的插画作品中，家庭技术的应用已经成为影响家庭亲密关系的一大因素，比如，当可视电话将远程教育带入家庭的同时，这个技术其实也还隐藏着另外一面；打一个视频电话，伴侣就能出现在屏幕上，这其实并非连接了平静的家庭生活，而是一个“错误”的连接，并且颠覆了电话的“格

插画师阿尔伯特·罗比达（Albert Robida）眼中的电话机或者可视电话

法国插画师维尔玛尔（Villemard）的《2000年》系列明信片

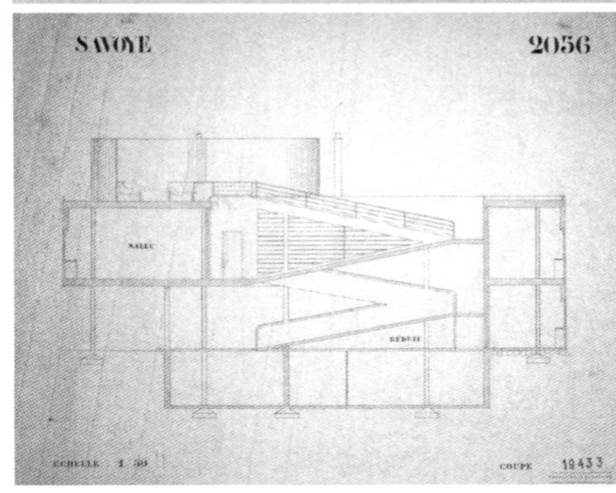

勒·柯布西耶（Le Corbusier）设计建造的萨沃伊别墅

言”：“道德、平静、幸福（moralité，tranquillité，felicité）”。而法国画家维尔玛尔（Villemard）于1900年创作的彩色石印图画《2000年》系列明信片，将对家庭中的高科技投射在我们当今所生活的21世纪，且我们现在的技术也远远不能实现他当时的想象。

在功能主义诞生和应用艺术兴起（魏玛包豪斯大学成立的那段时期）的氛围中，勒·柯布西耶却回到现实技术，关心住房的问题。他在1923年出版的《走向新建筑》中谈到了“住房是居住的机器”的观点，直到今天仍然是建筑思想的一座里程碑。正如他建造的萨沃伊别墅一样，是真正的“居住机器”。近年来，横渡大西洋的众船舰（意大利语：bastimento）已经变成了人们居住的机器城。其中并非毫无道理，就如同在意大利语中表示船的单词，又在法语中（法语：bâtiment）表示建筑物的意思。

最后同样重要的是，意大利在技术创新、创新人才、手工艺，以及20世纪的工业应用方面，都出现了一些基本的标志性里程碑。

1930年5—11月，正值意大利蒙扎举行第四届国际现代装饰和工业艺术三年展之际，意大利爱迪生公司赞助建造了一座代表未来家园的建筑。该项目委托给了皮耶罗·博托尼（Piero Bottoni）的“7人小组（Gruppo 7）”，建于玛格丽特皇后街的雷亚尔别墅中，由建筑师路易·费基尼（Luigi Figini）和基诺·博里尼（Gino Pollini）实施建造，而室内设计分别由皮耶罗负责厨房设计，由圭多·弗雷特（Guido Frette）负责服务室设计，由阿达尔贝托（Adalberto）负责室内装修。这所“电气住宅”（Casa Elettrica）是受勒·柯布西耶理论启发的第一个理性主义建筑实例，也是在纽约现代艺术博物馆（1932年）展出的第一个意大利建筑实例，尤其在厨房的建造中展现了最新的技术效果。

厨房里的一切都是电动的，从德国的AEG牌燃气灶到美国的凯膳怡（KitchenAid）厨师机，从绞肉机到打蛋器，当然还有意大利斯凯姆（SCAEM）公司生产的榨汁机和咖啡研磨机，通用集团旗下弗里吉戴尔公司生产的北极牌自动电冰箱。用意大利佐诺（Ozono）公司的臭氧化器对水进行消毒。洗衣间里有一台乐普途亚（Neptunia）牌全自动洗衣机，以及一台AEG牌的电熨斗。浴室里的排风扇能排走难闻的气味。暖气自然也是电动的，尽管它没有机会在严酷的冬天具体展示。

在展出结束时，阿达尔贝托说："这座小型的临时住宅暗藏着未来主义的光芒，成为功利主义工业设计的标志。"它将和所

电气住宅——爱迪生公司委托"7人小组"建造

有普通的展品一样被拆除。虽然“电气住宅”被摧毁了，但是一种新型的、理性主义的建筑思想已刻入意大利人的脑海，成为他们的追求。莉迪亚·莫雷利（Lidia Morelli）将理性主义建筑思想写入了《我想要的房屋》（*La casa che vorrei avere*）一书中——这本书非常有名，但现在已很难找到了。

乌托邦家庭本身就只能在幻想中存在。电影院上映的一部有关家庭机器人的电影——《凯瑟琳与我》（*Io e Caterina*），是阿尔伯托·索迪（Alberto Sordi）导演的一部著名电影，并且是一部动画片。在汉纳巴伯拉动画所创造经济奇迹和实现美国梦的岁月中，他们所制作的《摩登原始人》（*The Fintstones*）和《杰森一家》（*The Jetsons*）也到达了大西洋的彼岸。《摩登原始人》中的房屋是用石头和兽皮做的，而后者的房屋则变得具有空间性，不过在两部动画中，房屋中的物件始终是复制的、不可或缺的家用电器。那是光荣的20世纪60年代。20年后，《辛普森一家》（*The Simpsons*）的出现，以及《格里芬》（*Griffins*）出现后不久，家庭里的科学就变得司空见惯起来，其他技术也正在慢慢出现。

第一章

入　口

钥匙和锁

自古以来，钥匙和锁一直是为人们所熟知的物品。例如，古埃及人就已经知道这两样东西了：阿努比斯（古埃及神话里的死神）经常被描绘为一个手里拿着一把三齿钥匙的神。

从中世纪开始，到文艺复兴时期，锁匠更好地完善了钥匙的艺术，使得钥匙成为一种极具价值的手工制品，在欧洲盛行。其形式有按扣插销的和猫头形状的。法语中“loquets”“poignées”“serrures à bosse”“targhette”“verrous”分别表示的意思是“门闩”“门把手”“驼峰锁”“行李箱”“锁”。这些术语不仅使方言更加丰富，店铺的类型也更加多样。法国建筑师维欧勒·勒·杜克（Eugène Viollet le Duc）在他的《中世纪百科全书》（*Encyclopédie médiévale*）中用丰富的插图对钥匙和锁进行了阐释。建筑师阿尔弗雷多·丹德拉德（Alfredo d'Andrade）同样秉持着再现中世纪文化的精神。在1884年意大利工业与艺术总展中，他对都灵的装饰艺术产生了兴趣：他的论文中不乏对在皮埃蒙特城堡和贵族家庭中所发现的五金配件和锁的描述。而这些物件的复刻品，包括铁匠的工作坊，应该都能够在这场展览所举办的“中世纪市场”中找到，并且这些物件如今仍然能把过去和现在联系起来。

现在让我们回到刚刚提到的勒·杜克，在他的《中世纪百科全书》中，他称之为“座头鲸”（à bosse）的第一代锁可以追溯到12世纪。这种锁的锁盒里装有插销和弹簧，铆接到一个名为“帕勒斯特”（pallâtre）的铁板上，pallâtre这一术语源自拉丁文的“palliastrum”，意思就是“斗篷”。

维欧勒·勒·杜克《中世纪百科全书》（*Inter livres*，*Parigi*，1980）：图卢兹圣塞尔南大教堂地下室的锁［乔治·贝尔纳奇（Georges Bernage）编辑，第II卷，《建筑与家具》（*Architecture et Mobilier*），第47页］

每把钥匙都包含一个能与锁的内部机制相匹配的“密码”，即钥匙的匙身，其做工非常精细，在过去算得上是一个精雕细刻的工艺品了。

我们所知道的现代锁，差不多都是英国铁匠罗伯特·巴罗（Robert Barrow）的发明。大约在1778年，巴罗发明了这样一个装置：钥匙插入锁内，当与锁芯的各个位置都对齐后就能转动钥匙，从而打开门闩。1784年8月，另一位英国的发明家约瑟夫·布拉玛（Joseph Bramah）通过发明类似的锁也获得了一项专利。

但是，在钥匙和锁的领域中，真正的里程碑应该是发生在大西洋彼岸的耶鲁一家，他们于18世纪从英国威尔士移民至美国。1840年，老莱纳斯·耶鲁（Linus Yale）开始从事安全锁的发明和制造，并在纽约州的纽波特开了一家小店。专门研究银行金库和保险箱的安全系统，并获得了一系列专利，这些专利让他在短短的十年间名声大噪。

1843年10月20日

专利号3312 · 密码锁 · 马萨诸塞州斯普林菲尔德［和卡勒姆·威尔逊（C. Wilson）一起获得］

1844年6月13日

专利号3630 · 弹子锁 · 马萨诸塞州斯普林菲尔德

1849年2月13日

专利号6111 · 安全锁 · 纽约州纽波特

1853年10月18日

专利号10144 · 银行锁 · 纽约州纽波特

1854年2月28日

专利号10584 · 银行锁 · 纽约州纽波特

1855年5月22日

专利号12932 · 银行锁 · 纽约州纽波特

1856年8月5日

专利号15500 · 保险库和安全门锁 · 纽约州纽波特

1857年9月8日

专利号18169 · 挂锁 · 纽约州纽波特

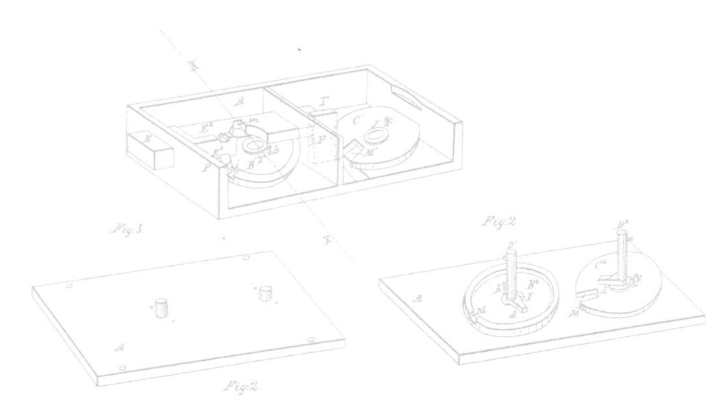

➚ 专利号3312：密码锁

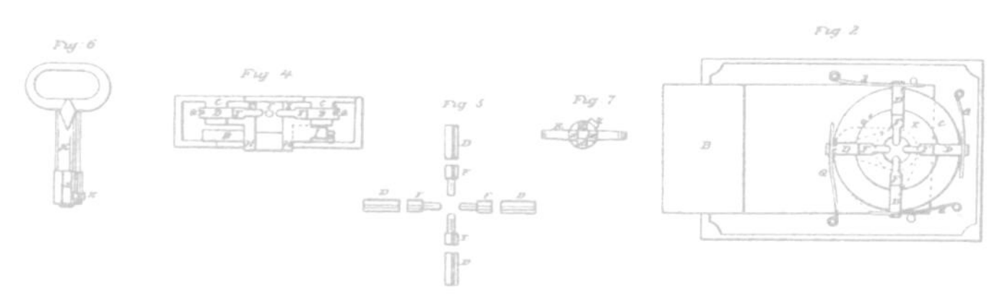

➚ 专利号3630：弹子锁

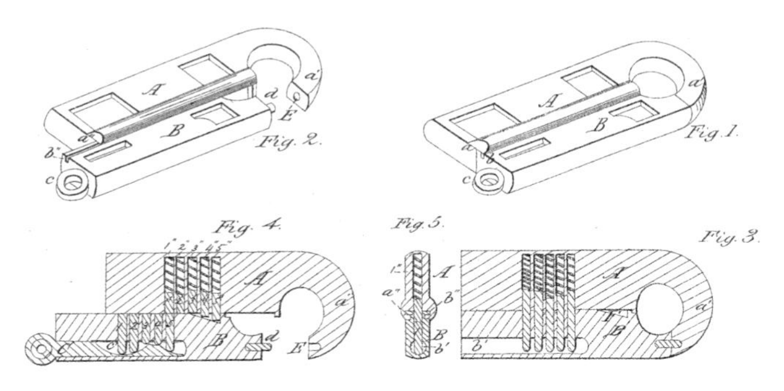

➚ 专利号18169：挂锁

1850年，老耶鲁的儿子小莱纳斯·耶鲁子承父业，也投身于此行业中。他完善了圆柱弹子锁的设计，并且申请了专利（见上图专利号3630）。实际上，这样的装置早在古埃及时期就已经出现了：一把精雕细琢的钥匙上有一串长度不同的小插销，能够使门闩滑动。

小耶鲁在1861年和1865年获得了耶鲁圆筒锁的两项专利。这种锁只有当钥匙的匙身与锁筒外的小插销完全对齐时，锁筒才能转动。

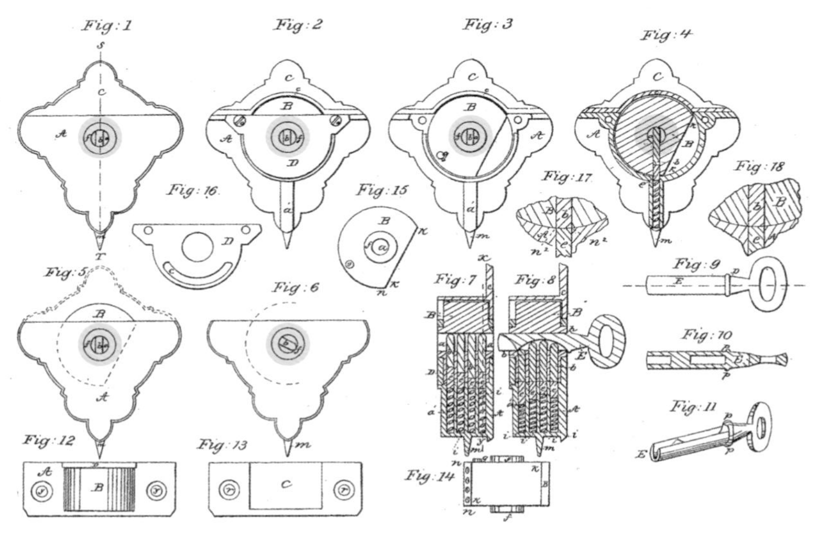

专利号31278：邮局抽屉锁

1868年，小耶鲁和他的合伙人亨利·汤恩（Henry Towne）创立了“耶鲁和汤恩公司”（Yale & Towne Company）。公司最初只有35名员工，很快发展壮大起来，还生产了带有电动升降托盘的绞车和卡车。从1879年开始，无处不在的耶鲁锁开始被大量生产。20世纪50年代，公司雇用的员工超过12 000名。

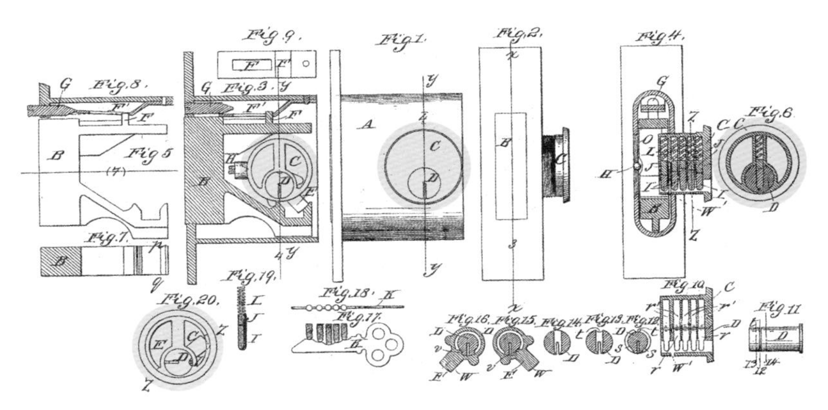

专利号48475：锁

1825年，菲谢锁匠建筑（FSB：Fichet Serrurerie Bâtiment）公司在巴黎成立，它的故事与莱纳斯·耶鲁相似，该公司旨在“保护个体免遭入室盗窃”。

亚历山大·费歇（Alexandre Fichet，1799—1862年）是“锁匠大师、王室供应商、皇家图书馆锁匠和工业学院成员”，也是一系列锁具专利的所有者，甚至包括银行锁的专利。

几十年后，耐火材料制造商奥古斯特·尼古拉斯·鲍什（Auguste Nicolas Bauche）也开始专门从事防火保险柜的生产。1864年，他创立了法国银行（la Société Bauche）。这两家企业于1967年合并成立法国菲谢库宝公司（Fichet-Bauche），并于1972年创立了菲谢（Point Fort Fichet）品牌，既为了产品商业化，也为了帮助该品牌营销推广。菲谢锁具以其当时无可复刻的产品（除了个人密码）从根本上改变了锁具市场。最初，H型剖面的锁具在市面上存在了很长一段时间，但现在已被菲谢的F3D锁芯和钥匙所取代。F3D锁是一种与人体工程学完美结合的新型锁具，虽然是新型的，但很安全。这种锁的钥匙的匙身像一根多节

的小棍，是同类产品中独一无二的样式。

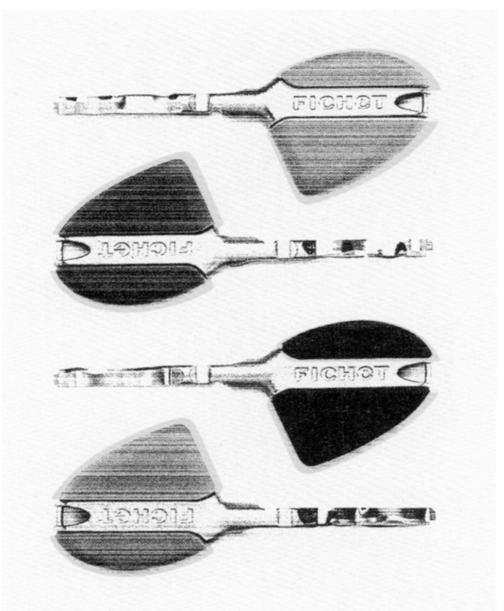

菲谢的F3D锁具

1933年，莉迪亚·莫雷利（Lidia Morelli）在《我想要的房子》（Hoepli出版）中写道：

用优质的材料制造出质量很好的锁具是不够的，好的锁具还需具备其他的条件：它不能突兀，所以必须嵌入很厚的木板中，而且在关门的情况下是看不见的，配套的钥匙使用感必须是舒服的。或许在我们每个人的记忆中都有过一串钥匙……虽然每个锁有不同的装置，但大体上没有什么不同。耶鲁锁是最知名的，它唯一的缺点是价格较高，但是它带给了人们安全和保障，而且每把锁都可能是不同的组合……现在也有针对屋内房间门锁的装置，不仅十分巧妙，还非常适用。说到这里，我就不得不提到最新的一项发明——西勒奇锁（Schlage），这款锁的小推钮在一个球形旋钮上，开关的设计十分巧妙。最后，我要提到的是菲谢多功能锁，它的特别之处在于每个家庭成员只能配一把仅能打开与他相关房屋的钥匙。

尽管“耶鲁”和“菲谢”的名字几乎出现在了每个人的钥匙上，但不得不说，在意大利人的钥匙上从未出现过。第二次世界大战期间，传统手工艺得到了加强，并且也标志着意大利在该领域的发展并取得的成果。那些知名意大利锁的品牌背后，通常都承载了一段简单但又令人好奇的故事，就像古人所说，要去探索原因、起因、理由：用一个词概括，就是历史。

1926年，路易吉·布奇（Luigi Bucci）在佛罗伦萨创立了CISA（奇萨）公司。同年，他便凭借全球第一把电控锁大获成功。1944年，他的工厂在第二次世界大战期间遭到了炸弹袭击，随后在意大利法恩扎恢复生产，接下来几年，生产线逐渐扩展到了其他地区。

仔细回想便能发现，正是在第二次世界大战期间，意大利在手工业领域取得了发展和成果。

第二次世界大战开始时，朱塞佩和费利·博纳意迪（Giuseppe & F. lli Bonaiti）总部（1830年在莱科创立，当时是一家工匠作坊）就开始生产门把手。这是意大利以英国模型为基础创新的产品，基于此，博纳意迪锁被认为是特许专利品。

1940年6月15—16日，意大利参战第五天的夜里，盟军的炸弹投向了米兰，贝拉·费拉门蒂工业公司（Bella Ferramenti Industries），一家机器备件和德国锁具进口公司，在法里尼（Farini）机场附近被炸毁。1941年1月31日，正是在这片废墟上，费莫·普雷德利（Fermo Predelli）创立了优品锁（PREFER），该品牌的锁在20世纪60年代获得了工业锁和办公锁的垄断地位，并用于著名的打字机工厂奥利维蒂（Olivetti）公司。

1945年，随着战后重建工作的展开，朱利奥·安德里亚·梅

罗尼（Giulio Andrea Meroni）在布里安扎的利索内创立了迈诺尼锁公司（Rature Meroni），最初这只是一家小型机械车间。北非旅行之后，梅罗尼开始为埃及市场生产锁具，大象牌锁就这样诞生了。

与美国德克斯特公司（Dexter Inc.）签订的为欧洲市场生产新产品的协议，标志着意大利自1954年以来终于正式步入了经济奇迹的年代：1953年安乐尼奥里（Antonioli）锁诞生；1958年都灵默亚（MOIA）锁诞生；1967年O.M.R品牌创立……

除了我们所熟悉的隐藏在门凹处的锁外，许多人都忽略了其中（复杂的）操作。我们对钥匙很熟悉：标准的、扁平的、男式的、女式的、简单的、复式的、双轨的，对环的、骨架状的、管状的、独立的。每个人都拥有不止一把钥匙……有人说，像信用卡那样内置芯片的钥匙卡很快就会垄断目前的钥匙市场。但是，最关键的问题是钥匙与锁的匹配，即一把钥匙匹配一把锁，否则就会出现密歇尔·图尼尔（Michel Tournier）在短文集《思想的镜子》[加尔赞利出版社（Garzanti）1995年出版]中提到的担心，他这样写道：

所有老房子都是这样的。在我家里，钥匙和锁完全不协调。我有一个抽屉，里面装满了各种各样的钥匙：细齿的挂锁钥匙、空管的玩具钥匙、双齿钥匙、大而重的钥匙（就像一把可以伤人的武器）、带扣眼的钥匙，它们共同的缺点是不能通往任何地方。为什么这些钥匙打不开家里任何一把锁呢？这是一个谜。我想更清楚地解开这个谜题，于是我试过了所有的钥匙。正如帕斯卡所说，虚伪的道德是毫无用处的。那么它们是从哪里来的呢？这些漂亮的钥匙有什么用处呢？它们就像一个金属的问号一样。

钥匙和锁是第一个（也是最具标志性的）能保证家庭安全的工具。但是，众所周知，每一个器具都有相对应的破解之法。卖家虽保证安全锁具有极高的安全性，但是在互联网上却有很多开锁工具出售，实现锁的开关。所以，锁具制造商需要不断地创造出更加安全的锁来解决这个问题……

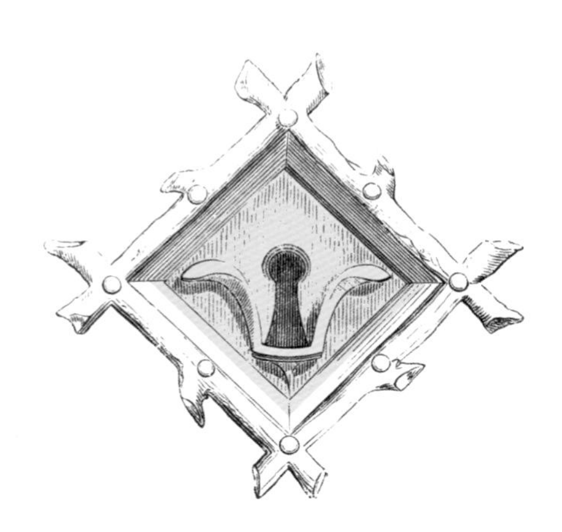

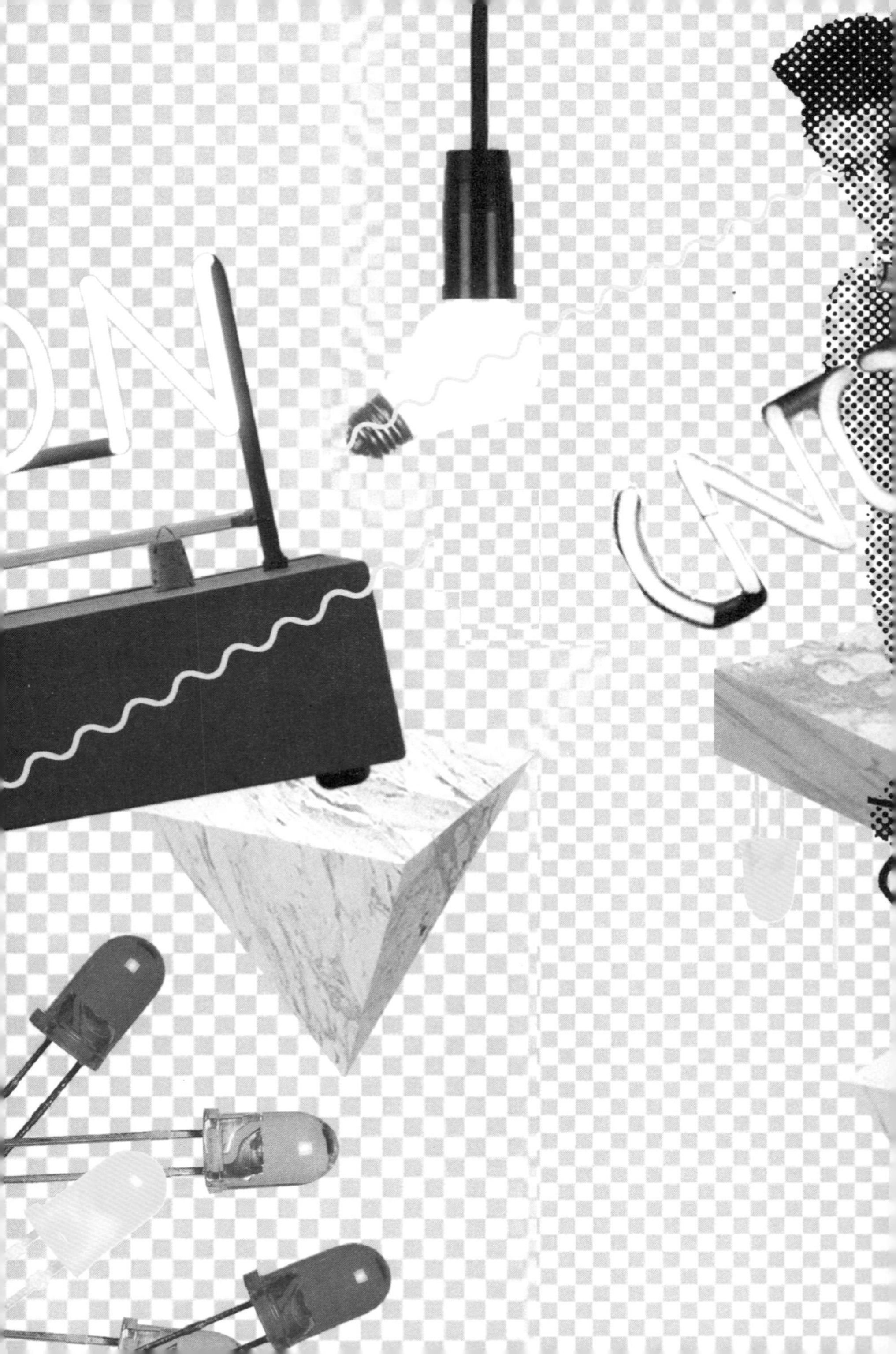

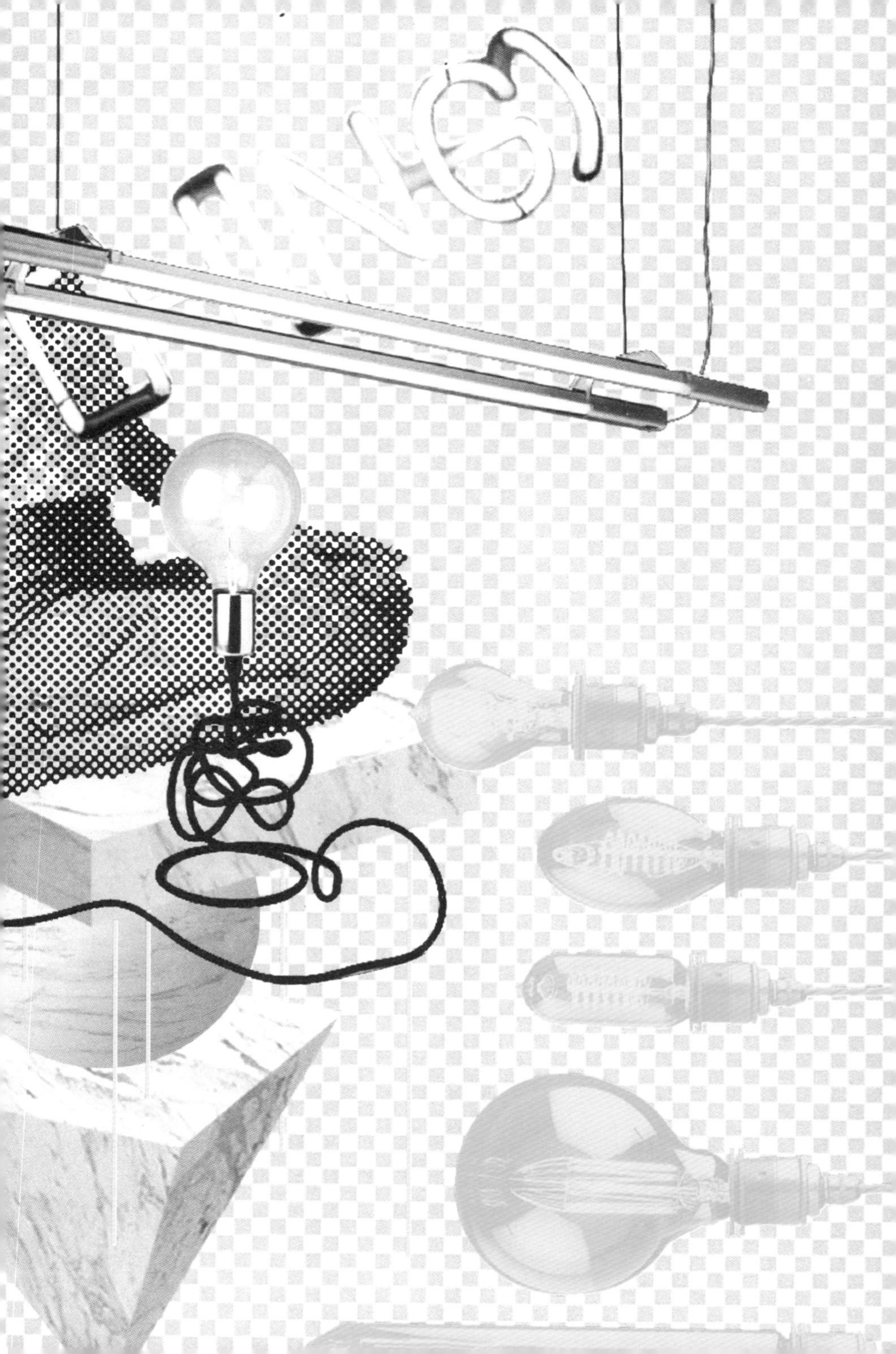

电灯泡

人们最初的照明工具是用动物油脂做成的油灯，后来开始用石油和天然气，最后出现了电力照明技术。

电的出现，为屋内照明提供了一个灵活而经济的方案。这时，需要解决的主要问题就变成了发电工厂和供电网络的投资问题了。但是说到家庭科学，真正的利润却体现在所谓的照明物上。

19世纪80年代，跳过燃气灯（为少数人家所用）和弧光灯（用于公共照明、幻灯和最初的电影放映，但从未在家庭中使用），灯泡才是这场“照明革命”的真正主角。

18世纪初期以来，科学家们一直致力于电力照明技术。1801年，亚历山德罗·沃尔塔（Alessandro Volta）发明了电池。第二年，汉弗莱·戴维（Humphrey Davy）发明了电弧灯：两个电极在空气中短暂通电产生火星后，分开时会产生电弧光。该原理与焊工修理电车轨道时所运用的原理相同。

30年后，詹姆斯·鲍曼·林赛（James Bowman Lindsay）研制出了第一个白炽灯的原型。1841年，巴黎第一次尝试将电弧灯用于公共照明。1856年，海因里希·盖斯勒（Heinrich Geissler）研制出了第一个玻璃灯泡，他在灯泡内放置了两个碳电极，用以产生电弧。直到1876年，巴黎的帕维尔·亚布洛科夫（Pavel Yablochkov）才发明了亚布洛奇科夫电烛（Yablochkov）——一种交流电弧光灯，并采取了一些措施以保证其高效正常运作。不

意大利阿尔皮尼亚诺生态博物馆：“光之梦：阿尔皮尼亚诺——亚历山德罗·克鲁托（Alessandro Cruto）的灯泡”

久之后，这种弧光灯在英国流行起来，但始终是在公共场所使用。它没有进入家庭主要有两个原因：其一是危险性，其二就是产生的光线太强烈。

1875年，加拿大人亨利·伍德沃德（Henry Woodward）在他的实验室里发明了第一个灯丝灯泡，虽仍处于实验阶段，但这项发明激起了众多发明家和企业家的想象和渴望，至少，他们看到了光明的未来。电流经过灯丝，将其加热后就产生了白炽，所以十分明亮。而此时的问题是要防止灯丝燃烧，因此，除了需要寻找到最适合的灯丝材料，还必须将它放置在无氧的安瓿中。

现在让我们回到意大利。1879年，一个来自都灵的小镇皮奥萨斯科的年轻人亚历山德罗·克鲁托（Alessandro Cruto），在参加了伽利略·法拉利（Galileo Ferraris）在意大利工业博物馆举行的会议后，就被深深吸引。在得知钻石不过是纯碳之后，他试着在实验室中“复制”一个出来。为此，他设法从大学技术人员手中获取了一个实验所需的真空泵。只不过，他最后并没能制造出人造钻石。

但是，克鲁托通过研究真空下碳的蒸发现象，用这种材料制造出了一个能作为灯丝的理想薄膜。灯丝浸入乙烯气体中，它的电阻会随温度成比例增长，可保证灯泡500 h的寿命。如果将这个数字与爱迪生实验研究所制造的灯泡的平均寿命进行比较，那毫无疑问，克鲁托取得了一个前所未有的成功。后者于1890年与约瑟夫·威尔逊·斯旺（Joseph Wilson Swan）一同获得了专利，他们使用的是碳竹纤维做成的灯丝，寿命只有40 h。

克鲁托凭着取得的成功，在都灵附近的阿尔皮尼亚诺开了一家生产灯泡的工厂。1884年，在意大利工业与艺术总展期间，意大利电力展会的举行和5月27日电灯馆的开幕都意味着电工学的成功。每到夜晚，城市仍然光彩夺目，豪华家具陈列馆使用的也是正在全国范围内大量生产的克鲁托灯泡。

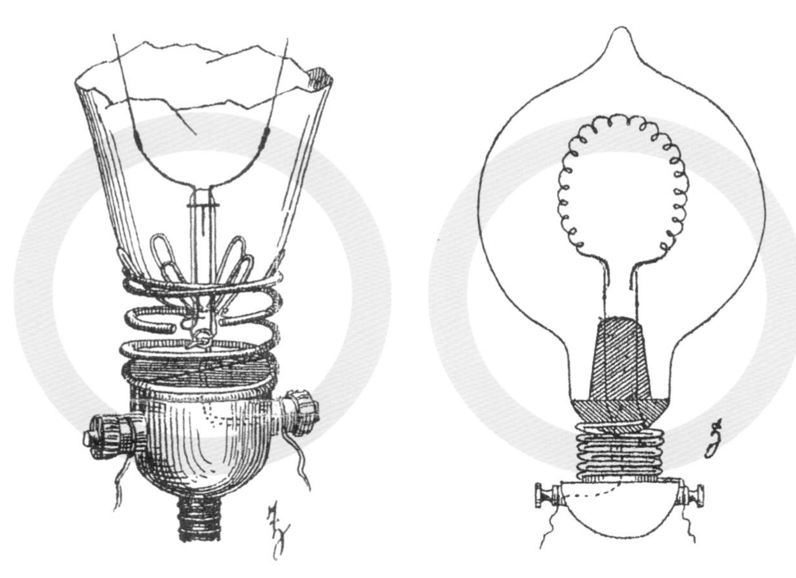

克鲁托灯图纸（《通用电力杂志》1882年8月第39期：“电灯”）

1884年在都灵举行的展会（资料来源：都灵CeMed）

克鲁托的产品不仅在意大利获得了专利。1884年7月29日，克鲁托从美国专利局处也获得了专利（专利号302827），专利名为“白炽灯丝生产程序”。官方文件是这样写的：

“我是意大利国王的子民亚历山德罗·克鲁托，我居住在意大利王国都灵的皮奥萨斯科（Piossasco）。在电力照明研究中，我发明了一种新的白炽灯照明技术……本发明改进了白炽灯碳丝的生产方法，并优化了生产机器……当碳化物或氯化碳与一个光滑面接触，加热到一定温度时就能分解这些化合物，这样就能产生一种化学剂薄膜，厚度均匀，且具有高耐热性。它们的硬度和美观性不仅特别适合用作白炽灯的电导体，还能另作他用，如珠宝产品。”

克鲁托的好运并没有持续很长时间。虽然他在都灵度过了一段幸福时光，但是由于缺少资金投入，他在阿尔皮尼亚诺的工厂没有维持太久。1895年1月15日，这家于1882年2月25日成立的公司宣布解散。随后，好几家电力公司陆续接手了他在意大利多拉里帕里亚河谷（Dora Riparia）后的厂房。尽管如此，灯泡仍然是当地工业的支柱，直到飞利浦公司在这里建厂。在第二个千年到来之际，该厂是在欧洲的最后一个生产白炽灯泡的公司。这些年来，各种发明彻底改变了照明技术。1893年，尼古拉·特斯拉（Nikola Tesla）发明了气体放电灯，灯管内的电能照亮四周的气体，如同一道闪电；1894年，麦克法兰·摩尔（McFarlane Moore）开始进行霓虹灯的制造。这是一个创新发明的黄金时代；在1903年，威廉·柯立芝（William Coolidge）将钨丝运用到灯泡之中。

我们应该对霓虹灯进行特别的讨论。实际上，霓虹灯的灯管其实只用于灯光招牌，不过马里奥·梅茨（Mario Merz）还将

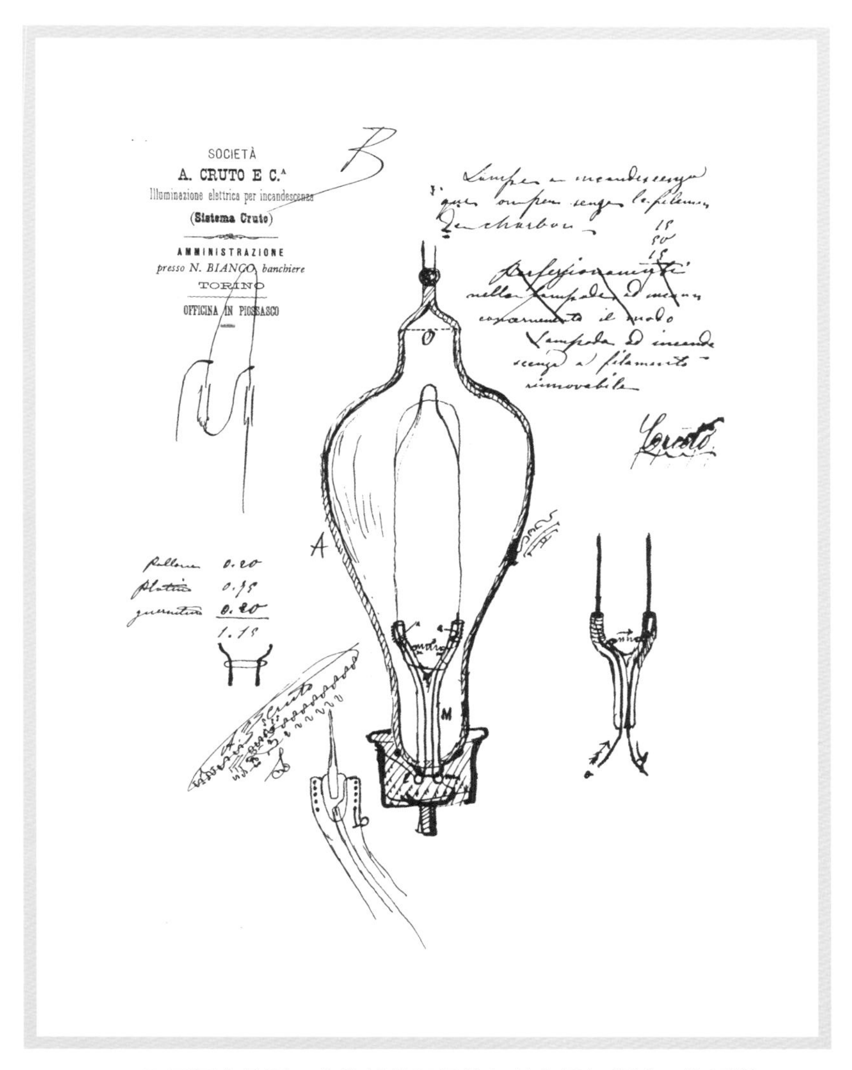

亚历山德罗·克鲁托的可更换灯丝白炽灯设计，他用铅笔写在一张记名为“Società A. Cruto E C.”的纸上，有他的署名，没有写明日期

霓虹灯用于自己的雕塑作品之中。光的颜色取决于灯管内的气体，除了填充氖气外，还可以混合其他稀有气体发出各种颜色的光。荧光效应以1898年拉姆塞（William Ramsay）和特拉维斯（Morris W. Travers）的发现（拉姆塞发现了6种惰性气体，其中的氙气是和特拉维斯一起发现的）为理论基础，这些光源被称为法国爱迪生的乔治·克劳德（Georges Claude）发现。1909年11

月，克劳德在巴黎大皇宫（Grand Palais）展出了这些光源，从而催生了克劳德霓虹灯产业。在20世纪30年代之前，该灯在美国的照明系统中一直处于垄断地位。

荧光灯管（我们误称为霓虹灯）不断发展，随后就出现了如今的低能耗荧光灯泡，这是由埃德蒙·革末（Edmund Germer）于1926年发明的，并申请了相关专利。到了1938年，这种呈典型

的直管状或环形管状的低能耗荧光灯泡才开始进入商品化阶段。一个由感应器和启动器组成的点火电路，用以触发内管放电。现在，点火电路发展成了超小的电子装置，小到能隐藏在最普通的E27螺旋式插头中。灯管内填充低压惰性气体，其产生的电流能够激发灯管内壁沉积的荧光物质，使之发光。

荧光灯还在不断创新发展，各种各样的荧光灯广告也在不停地更新我们对其的认知。2009年9月2日，欧盟开始禁止生产功率超过100 W的白炽灯泡，这些高功率白炽灯泡随后将逐渐被淘汰。荧光灯崭新的未来似乎已经来临，但是更加新颖的创新也迫在眉睫。

1962年，尼克·何伦亚克（Nick Holonyak）担任美国通用电气公司顾问时发明了发光二极管（更普遍的叫法是LED）。最开始只用于电子设备，不过现在已成为一种新型的低功耗光源，它具有更新、更好的反应装置。LED灯基于光电现象，其中的半导体材料在通电时会产生光子。砷化镓（GaAs）、磷化镓（GaP）、磷化砷化镓（GaAsP）、碳化硅（SiC）和氮化铟镓（GaInN）这些材料能产生出不同的明亮色调。这些材料会在未来作为灯泡之用吗？也许会。就在我撰写这些文字期间，赤崎勇（Isamu Akasaki）、天野浩（Hiroshi Amano）和中村修二（Shuji Nakamura）被授予了诺贝尔物理学奖，其获奖原因是“发明了高效的蓝色发光二极管，带来了明亮且节能的白色光源”。

达达主义者将灯泡理想化为一种新的炼金安瓿——“生命之源”，这样的时代已非常遥远，直到达达主义者弗朗西斯·毕卡比亚（Francis Picabia）在他1917年创立的达达主义刊物《391》中发表了一首自己的原创歌曲《美国保姆》（*La Nourrice Américaine*），他认为灯泡是一个真正的“情感对象”。在完整的达达主义中，西班牙艺术家从现代最新机器和技术中又定义出了新的隐喻。螺旋桨、汽化器、灯泡，这三样东西组成了音乐作品《美国保姆》的图形符号，代表着“3个音符无限重复”。这首作品于1920年5月26日在巴黎夏沃音乐厅（Salle Gaveau）举行的达达音乐节上首次（也是最后一次）公演。

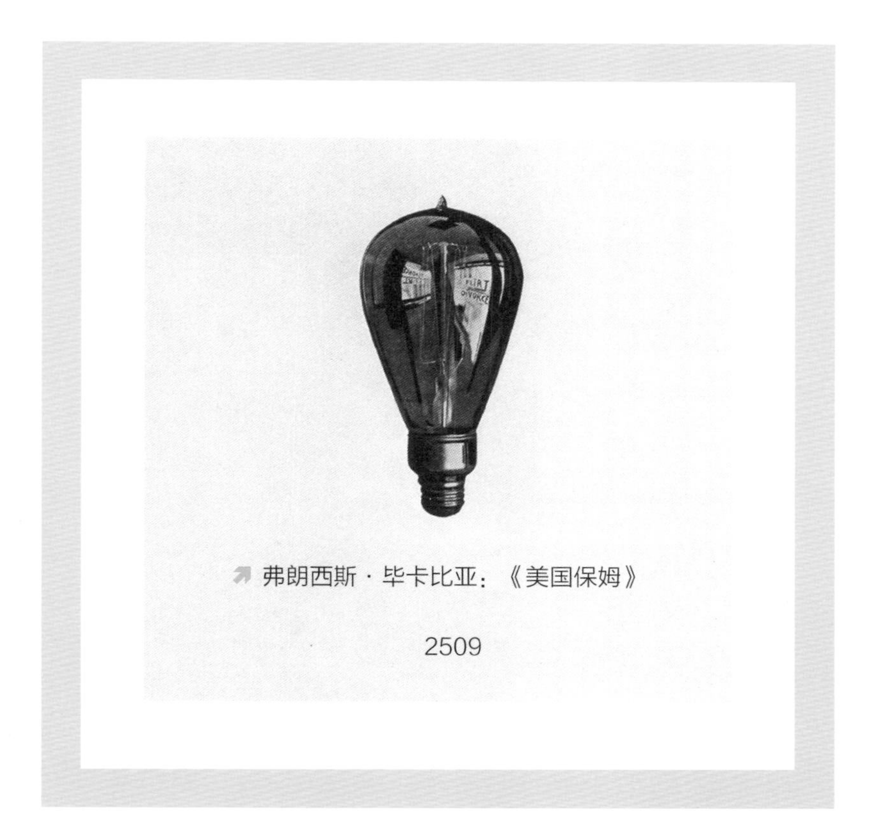

↗ 弗朗西斯·毕卡比亚：《美国保姆》

2509

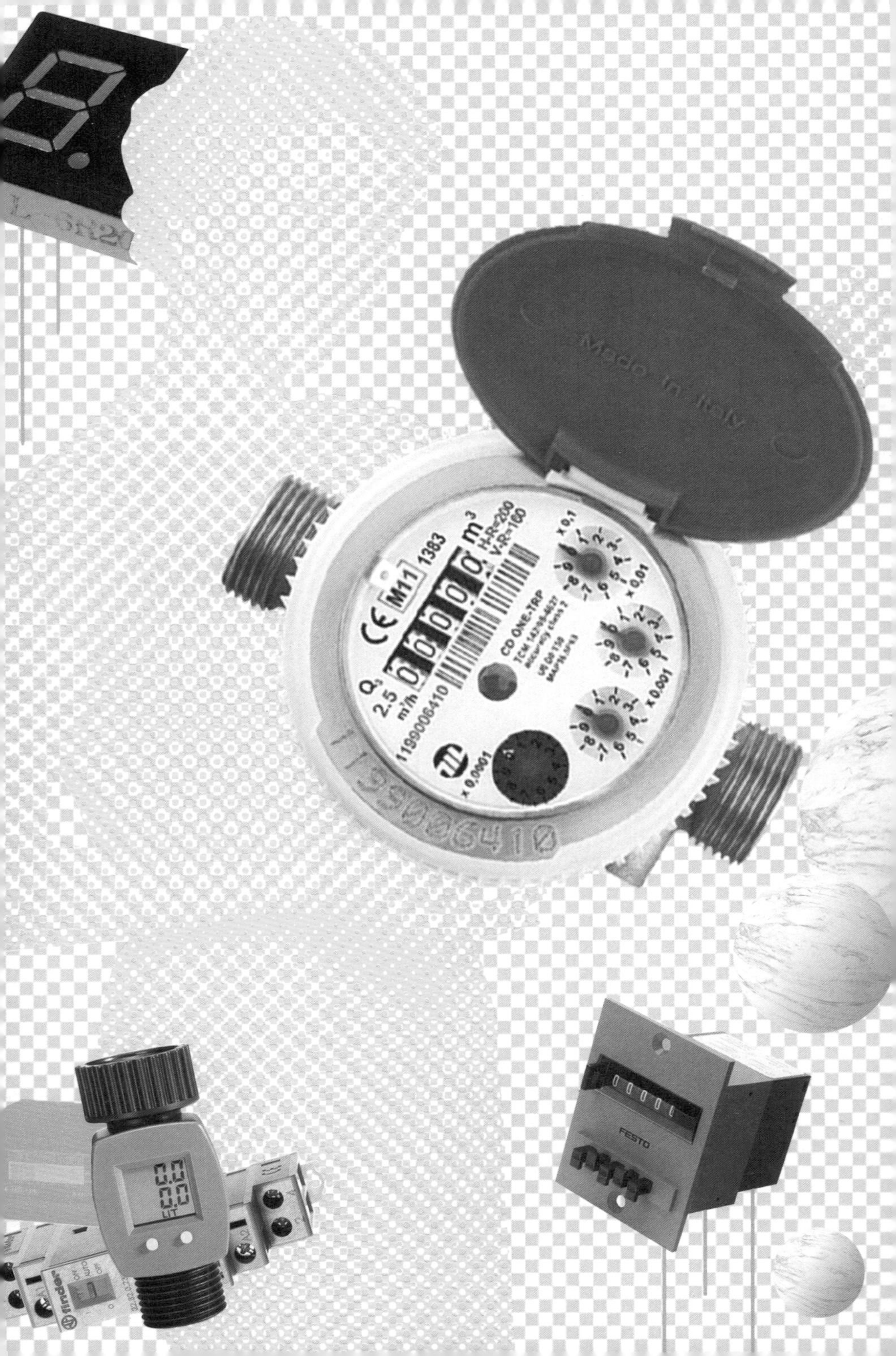

Made in Italy
M11
1383
m³
H-R=200
V-R=160
x 0,1
x 0,01
x 0,001
x 0,0001
2.5
m³/h
1199006410
CD ONE-TRP
FESTO
finder
LIT

Iskra
WS1102
M09 1376
099.0
-25...+55°C

仪表

在每个房屋中，仪表都是非常神秘的存在，哪怕是最笨拙的勤杂工都能够在好奇心的驱使下对这个仪器进行探索。仪表是封闭的，不能擅自篡改其中的数据，因此仪表守护着它所掌管的“秘密”，有时还藏着一座城市的传奇故事。有的人（在这里指作家）将仪表定义为“沉默的管家”，不仅是因为它们计算着家庭内部资源和能量的消耗，还因为它们通常是给家庭带来纳税和缴费通知的“罪魁祸首”（这通常是侦探文学带给人们的刻板印象）。仪表的更新换代，往往先要通过不断地对比测量。

这些看似神秘的仪表通常隐藏在储物柜、角落或壁橱中，有时还在地窖里。这些仪器从来没有引起过设计师的注意，事实上，设计师们早已放弃“拯救”这些难看的仪表了。从来没有人把它们看作是技术上的一个奇迹，因为它们不过是一个征收钱款的工具罢了。当仪表变成可遥控的时候，那么它们的功能将会以更加细致的形式呈现出来。

现在的仪表已经达到了高科技水平，其历史是源远流长的：水、气、电，同样还有热能及信息流量（不仅限于电话）……这些东西一旦进入家庭生活中，就需要对其安全性和使用的舒适性进行衡量，尤其是在支付环节。

在古罗马时代，4个原始元素（水、电、气、土地）中首先是水，最早出现通过装有陶器和铅管的水道网进行分配，这些陶器和铅管就是当时的仪表。事实上，它们并不是真正意义上的水表，而更像是一个“限流器”。水在意大利语中字面意思就是“流动”，意思就是说住宅中的水和喷泉里的水一样，一直处于流动中。意大利水族馆馆长塞斯托·朱利奥·弗龙蒂诺（Sesto Giulio Frontino）在一本名为《罗马的水管》（*il De Aquaeductu Urbis Romae*）的手册中完整介绍了罗马帝国对水资源的管理，这是一本为数不多的既介绍了技术又介绍管理的著作。为了限制每个住户的用水量，房屋入口的管道中设置了一个校准过的铜杯，通过它来缩小管道的截面，以此将流量限制为我们今天所称的供应合同上的数值。但是，随着弗龙蒂诺的手册的流传，早期水管工对管道进行过度分流的操作并不少见，他们不费吹灰之力就能在铅管上钻孔。如今，水表中一个小小的托盘轮就能使计数器转动起来。

家用电表

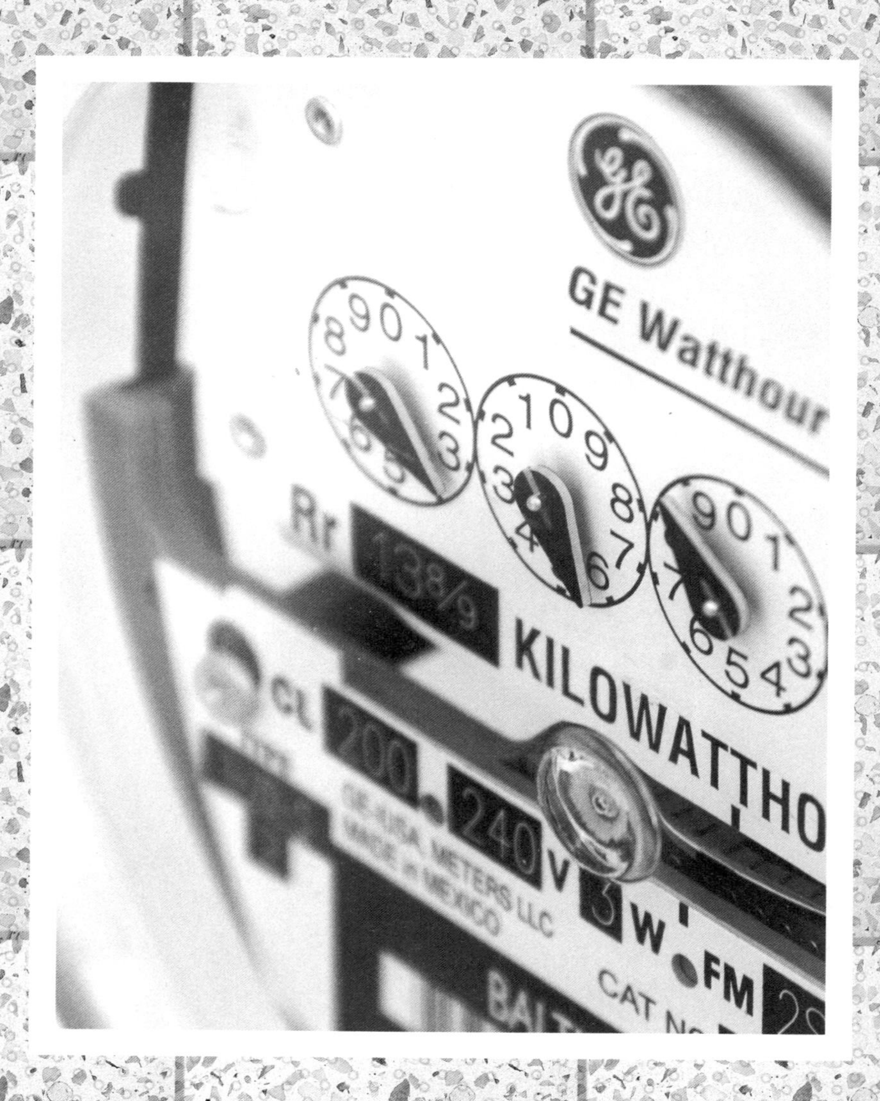
GE Watthour
Rr
KILOWATTHO
CL
200
240
V
3
W
FM
CAT No

说完了水，再来说一说气。19世纪上半叶，大城市开始分配煤气，城市里的煤气厂首先制造的是焦炭和木炭。1805年左右，英国开始广泛使用煤气灯，最初仅用于公共场所。1829年1月1日，4盏煤气灯出现在了巴黎的卡鲁塞尔广场（Place du Carrousel）。在7年后，也就是1836年，法国成立了6家不同的煤气公司。到1839年，共出现了13 000多盏油灯，不过煤气炉的数量只有69个。

1846年12月13日，法国王室颁布了一项法令，规范了煤气的价格，并且使所有供气线路归该城市政府所有。1855年，这6家公司合并为法国天然气工业公司，煤气路灯的数量增加到了2万多个，供气管道超过500 km。随后，天然气开始慢慢进入家庭。但直到几十年之后，煤气才在意大利大城市中被普遍使用。正如铁路的逐渐普及一样，1837年9月，波旁王朝王宫前的保罗圣芳济（San Franceso di Paola）门廊使用了煤气灯照明。而1843年6月，当时市政府与巴黎工程师阿奇里·吉拉德（Achille Guillard）的公司签署了合同，米兰才开始使用煤气灯。1837年，卡洛·阿尔贝托（Carlo Alberto）得知那不勒斯的煤气照明实验后，授权法国格勒诺布尔的建筑师弗朗索瓦·雷蒙登（François Reymondon）及里昂的工程师希波吕特·戈蒂埃（Hippolyte Gautier）在米兰新门（Porta Nuova）安装煤气测量仪。1839年，都灵开始使用煤气照明，起初是100盏煤气路灯，第二年增加到了1 600盏。

1837年9月，波旁王朝王宫前的保罗圣芳济（San Franceso di Paola）门廊使用了煤气灯照明。1843年6月，米兰开始使用煤气灯。1837年，卡洛·阿尔贝托授权在米兰新门安装煤气测量仪，1839年完工。

煤气表的运作是基于煤气鼓，即那些伫立在城市周边地带的

大型气罐。气罐内部的两个波纹管会轮流填满气体，然后将气体输送到炉膛或煤气炉子的喷嘴处。波纹管通过杠杆原理的运动与煤气消耗成正比，从而使燃气表计数。如今，天然气已经取代了焦炉气，但家用仪表的结构却没有改变，唯一的变化是，以前的波纹管是动物皮制成的，现在是合成材料制成的。

尽管电力在19世纪中叶就出现在了公众面前，但直到19世纪90年代才开始分配这一能源。交流电自出现以来，就与天然气形成了直接的竞争关系，因为交流电可以实现长距离传输。1907年，新巴黎天然气工业银行（SGP：Société du Gaz de Paris）在巴黎成立，并于3年后签署了第一份电力销售合同。同样是在1907年，在伽利略·法拉利（Galileo Ferraris）的家乡都灵，市政电力公司（AEM）也看到了“曙光”。

让我们说回到仪表，现在来谈谈电表。电气工程师费拉里斯首次将电表以科学化的形式呈现。1903年，工程师朱塞佩·罗斯坦（Giuseppe Rostain）在都灵的意大利工业博物馆的电气工程实验室从事研究工作，并成为了阿尔塔意大利电力公司（Società Anonima Elettricità Alta Italia）电表部门的负责人。1920年他出版了相关图书。在书中，他列举了6种类型的电表：

1.电解电能表

2.纯铁电解电能表

3.电磁铁芯（即移动线圈）电能表

4.火线电能表

5.动力电能表

6.感应式电能表（即法拉利电磁感应）

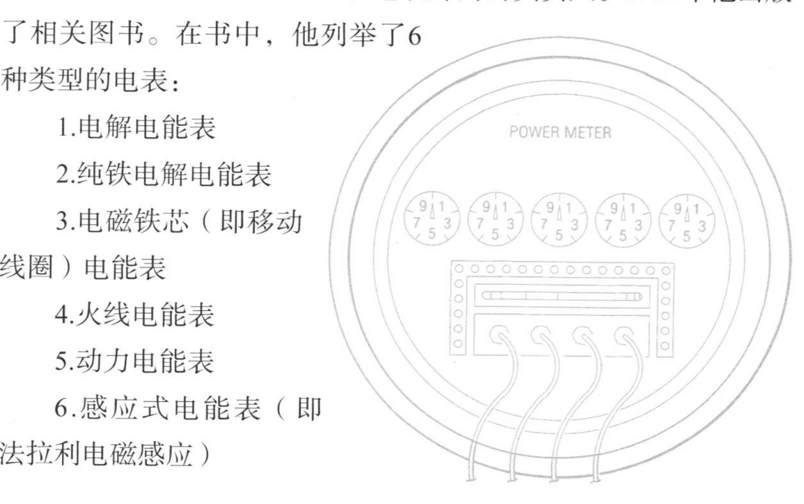

第一种电能表当然是最令人好奇的，它是基于电解原理来运作的。在直流电通过电解质的时候，根据电解质的消耗来测量电量的消耗。不过对于交流电来说，这种电能表就不起作用了。当收费员检查消耗量时，他会重新补满已消耗了的电解质。不用说，对这些系统的篡改不会很复杂……这种类型仪表的改进版是德国耶拿的肖特和根（Schott & Gen）公司生产的，这对于如今收藏技术类古董的收藏家来说，已经是很罕见了。

机电式电表（最近已为白色电子电表所取代）是根据汤姆森原理运作的：铝圆盘在福柯的感应电流磁场中旋转。简而言之，圆盘以与耗电量成正比的速度旋转。与之关联的是一个磁热断流器，当它“感觉”到吸收的功率超过规定极限时，就会中断电流供给：我们都有这方面的经验，比如我们同时使用洗衣机和洗碗机时（或吹风机、吸尘器等其他家用电器）就会跳闸。

由此我们可以看出，最新的电子电表隐藏着新技术的奥秘，它就像是家庭中一位“沉默的管家”。它不仅可以测量家中的耗能，如果我们在家的话，它还能记录我们的家庭行为，最重要的是它能记录我们的习惯，比如我们晚上洗衣服，或者我们整天看电视。

如今，数字电子技术就可以做完一切事情：测量流体的温度，再将测量的温度乘以电流强度，随时间推移，将合同数据中的各个时间段进行对照，最后再进行一系列让用户满意的运算。但是这种发展是否是可持续的呢？

意大利国家电力公司（ENEL）最初的电子仪表设计中，还存在利用公寓内部的供电网络分配网络数据的想法，即在每个电插座上安装一个简单的小盒子，就可为网络供应提供“入口”。在意大利的一些城市作为第一批试点，但众所周知，其中还涉及各种经济原因和众供应商之间的竞争。

第二章

厨　房

弗拉塔的厨房（La Cucina di Fratta，“Fratta”是250年前消失的一座城堡的名字，现在是意大利威尼托的一个小镇）非常宽敞，四面墙壁大小都不相同，同时它有着高高的圆形拱顶，像是朝着天空伸展去，但又如同深深地坠入了地底深渊之中：像是沉积了多年的烟灰那般暗黑。黑得发亮的砂锅底、滴油盘和柱子上的铆钉，就像一双双恶魔的眼睛闪着光；巨大的碗橱、宽敞的壁橱，还有数不清的餐桌，直叫人看得眼花缭乱；所有的这一切，就是这间厨房的模样。然而，在它最黑暗的角落里，有一个像张开了嘴的无底洞，栏杆围住了两扇黄绿色的窗，木头燃烧时发出了噼里啪啦的清脆声，打破了这片黑暗。那里，有浓密而盘旋着的烟雾；那里，巨大的锅中正炒着四季豆；当夜晚来临，奏响祈祷的钟声结束时，那个小小的黑暗世界里开始散发出亮光。老厨师用一根灯芯点亮了四盏灯，两盏挂在炉膛下面，两盏挂在圣母洛雷托画像的旁边。接着，他拿着一个巨大的火钳，向满是灰烬的炉膛里放进一大堆荆棘和杜松。灯光相互辉映，发出宁静的黄色光芒。炉火燃烧得很旺，烧到了炉膛边两个巨大的黄铜柴架上。傍晚的厨房里，不同的身影在灯光下走动着。

伊波利托·涅耶沃（Ippolito Nievo）在《一个意大利人的自白》（*Confessioni di un italiano*）的第一章中就首先回忆了弗拉塔城堡的厨房。帕多瓦的一个作家说：“弗拉塔的厨房和壁炉的炉

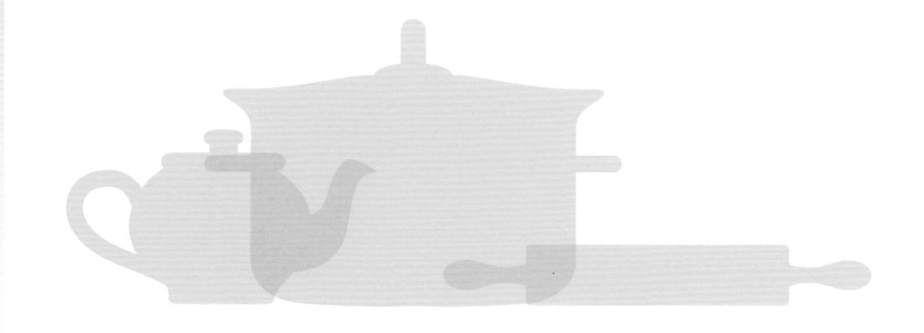

膛是世界上最珍贵的古迹。”对于世界上其他的居民来说，厨房面积虽然小，但也是不可或缺的。厨房意味着炉膛，炉膛代表着家庭，即使在今天的现代社会中，技术革命也没有让厨房发生任何变革，厨房仍然保留着“魔力”。

> 我最爱的地方莫过于厨房。
> 不管它在哪里，无论它什么样子，
> 只要是厨房，是吃饭的地方，我就喜欢。
> 其实，我更喜欢的是厨房带来的烟火气，
> 还有许多干净的抹布和洁白的瓷砖。

在伊波利托的《一个意大利人的自白》之后，我们现在将视线转移到日本——吉本芭娜娜（Banana Yoshimoto）的《厨房》（*Kitchen*）。那干净的抹布和洁白的瓷砖，便是吉本的厨房和伊波利托的厨房的区别，也是厨房“前世今生”的区别。

曾经，厨房是黑暗的、被煤烟笼罩着的，即使在最高贵的宫殿中，厨房也只能在地窖里，与风雅无关。炉膛是由经济实惠的全铁制造的，里面的柴火烧得甚是旺盛。

像过去简单的壁炉一样，经济实惠的厨房不仅可以烹饪，还可以为房间供暖。专业的水暖工人能建造除了烟囱和壁炉之外的其他所有厨房配件，这些配件既与冶金有关，又与建筑有关。最初这些水暖工人其实是意大利卡斯泰拉蒙泰的陶瓷工，他们在两个多世纪的时间里一直在制造陶器、炉子、壁炉和锅。安东尼奥·扎努西（Antonio Zanussi）是一位柴炉修理工，1916年，他在意大利波代诺内创立了安东尼奥·扎努西水暖工坊。

在短短几年内，这个仅有30名员工，占地30 m^2的工坊发展之迅速，令人惊讶，它首先进入到意大利工业化的时代。到了1936

年，该工厂就已经拥有了100名员工，且占地3 000 m^2。而它真正的成功是在1922年，出现了带生铁板的经济型厨房。扎努西在19世纪20年代制造的机器仍是黑色，哪怕有时会用黄铜条装饰，但总体颜色仍是暗色，这样不仅能够更好地吸收热量，最重要的是，能与黑漆漆的煤烟共存。

第二次世界大战后，一场天然气与液化石油气的革命改变了一切，并且在这个过程中，也可以见证到恩里科·马泰（Enrico Mattei）在意大利的“革命”。即使天然气出现在中心大城市，但煤气罐仍随处可见，2～3个灶眼的炉灶效率更高，价格也更加实惠。在战后改建中，机械工业也随之发生了转变，以前制造炸弹的地方现在也开始生产锅具。一些消费和产业也有了新需求，例如乔瓦尼·博吉（Giovanni Borghi）的英格尼斯（Ignis）开始生产液化石油气容器，并且在不久后，又用相同的技术生产了第一台燃气灶。

伴随着科技的进步，人们的审美也发生了明显的变化，实际上这也标志着重要的过渡和伟大的创新。在美式风格的影响下，新式厨房主要由白色的搪瓷钢板组成，而过去厨房内会产生的又黑又脏的烟也从此消失了。所谓的“白色厨房”就此诞生，这是一种“家庭用品”，并在极短的时间内演变出了“家用电器”，为冰箱、洗衣机、洗碗机开辟了道路。

厨房内从小到大各个配件都经历了从手工制作到工业化生产的技术革命，但它至今仍然是家庭实验室，在这里，四元素（即空气、水、土和火）是一切变化和转变的基础，并且持续发挥着它们自身的原始功能。之前所有关于厨房的未来技术预言都得以实现：新材料（从铝到聚氟乙烯）和新能源（从电到射频）。金属管钢材也进入厨房。金属钢管是一种技术产品，一方面促进了自行车的诞生；另一方面，以包豪斯（现代主义风格的另一种称呼）的经历为例，彻底改变了家具领域。在意大利，哥伦布（Columbus）等公司的诞生是家具制造新模式产生的标志，家具更具技术性，新材料也更加实用。“白色厨房”革命之后，在创新舒适服务（以及将妇女从繁重的家务劳动中解放出来）的最后阶段，洗碗机将发挥重要的作用（虽然对很多人而言并非是至关重要的）。

人们的审美也发生了明显的变化，实际上这标志着重要的过渡和伟大的创新：在美式风格的影响下，新式厨房主要由白色的搪瓷钢板组成，而又黑又脏的烟雾也从此消失。所谓的“白色厨房”就此诞生。

如果电影作为这些变化的见证人，那么我们又怎么会不记得乌戈·托格纳兹（Ugo Tognazzi）的《大狂欢》（*La grande abbuffata*）、《巴贝特的厨房》（*La cucina di Babette*），甚至李安导演的充满异国情调的《饮食男女》呢？哪怕出现《傻瓜大闹科学城》（伍迪·艾伦导演）里面那种梦幻般的高科技厨房，我们其实都不应该太惊讶。

电冰箱

> 这里有一个大浴室，铺满了粉红色的瓷砖，只有维奥卡和凯特能用。维奥卡喜欢打开所有水龙头，冷水热水都打开。然后，她雀跃着进了厨房，打开冰箱，里面堆满了她爱吃的东西：牛奶、鸡蛋、奶酪、桃子、葡萄、饼干。“你们想吃什么随便拿。如果少了什么，就按这个铃，好吗？”。
>
> ——达契亚·玛拉依妮《黑暗》（*Buio*）

食物需要冷藏：我们的祖父母，乃至他们的祖父母对此早已熟知。他们会在冬天收集雪，保存在稻草下。而在城市和大家族中，都有冰窖：可以将冰雪保存一整个季节，并且当冰雪融化后，水还可以通过特殊的排水装置排出。

例如，米兰圣安布罗吉奥（Sant'Ambrogio）西多会修道院的冰窖就非常有名。还有罗马教皇朱利奥三世别墅里的冰窖，这座冰窖修建于16世纪中叶，位于别墅以南的小山丘上。

在那不勒斯，积雪都被收集在塔布诺（Taburno）的山上，人们在地上挖了一个特殊的洞将其保存，并覆盖上了这片森林中生长得极为茂密的山毛榉树的叶子。

在都灵，冰雪存放在专门的地窖中。地窖里面有可以通行马车的坡道。地窖以前设在吉亚查耶路（Ghiacciaie），现在设在朱利奥路（Giulio），埃马努埃莱·菲利贝托广场（Plaza Emanuele Filiberto）的旁边。

事实上，从18世纪开始，许多国家都或多或少地在山区周围搭建这些存冰的建筑，只不过现在已被人们遗忘了。

人工制冷技术要追溯到法国菲利普·拉海尔（Philippe Lahire）的实验。1685年，他将一支装有水的试管浸入硝酸铵中，试管中的水竟结冰了。英国物理学家威廉·库伦（William Cullen）利用挥发性液体的蒸发热原理，证实了制冰的可能性。随着现代热力学的诞生，尼古拉·莱昂纳多·萨迪·卡诺（Nicolas Léonard Sadi Carno）、詹姆斯·焦耳（James Joule）、威廉·汤姆森（William Thomson）（即著名的开尔文勋爵）的名字脱颖而出，人们对热的逆循环认知也越来越广。1834年，雅各布·珀金斯（Jacob Perkins）制造了氨压缩制冷系统的原型，但这项发明未能得到充分的发展。

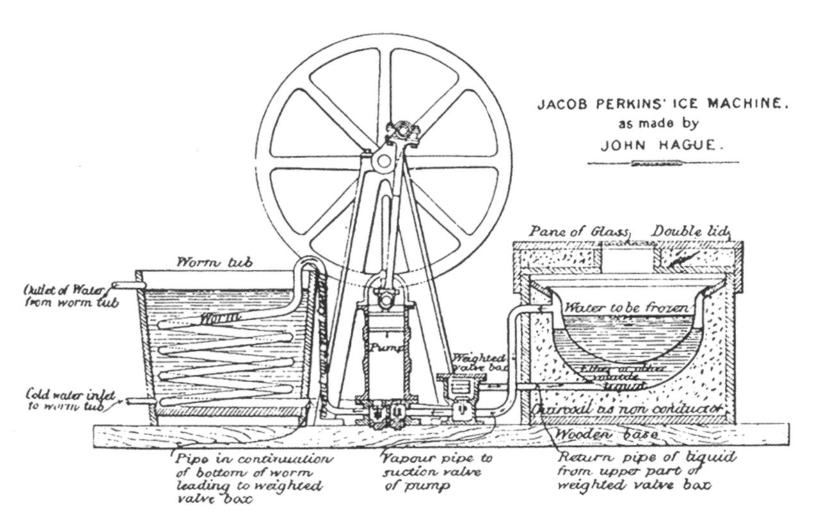

雅各布·珀金斯的制冷机，1882年《艺术学会杂志》（*Journal of the Society of Arts*）

德国工程师卡尔·冯·林德（Karl von Linde）（1842—1934

年）的研究可以说是现代冰箱的始祖，他证明了蒸汽压缩系统比空气压缩系统具有更好的性能。蒸汽压缩的原理并不复杂：在一定的温度范围内，需要一种流体，该流体具有能从液态转换为气态的特性，反之亦然。换句话说，该系统需要的是一种能蒸发热量的流体，或者当其从气态转化为液体时，能从外部减少热量。就像我们把手弄湿后，风吹过时，我们会感到凉爽一样，因为水是会蒸发的。

制冷机运作原理是这样的：压缩流体（即加热至环境温度以上，从气态转换为液态）通过热交换器进行降温，并且通过挥发来降低热量和环境温度。因此，从能量上来说，提供压缩气体是热量减少的原因。

最开始使用的流体是氨水溶液，之后使用的便是著名的氟利昂。美国诞生了第一台制冰机，从此北部湖泊的制冰业“退隐江湖”。在冷冻行业，最先诞生的公司是约克制造公司（1891年），接着是布伦瑞克制冷公司（1904年）。

第一批制造的冷冻设备规模很大，适合在制造厂或轮船上使用。1917年，帕卡德汽车公司（Packard Motor Car Co.）开始生产冷藏柜，而弗瑞吉戴尔公司（Frigidaire）开始了微型制冷系统的研究。美国通用电气在当时已经拥有了特定的机动压缩机，在它的支持下，弗瑞吉戴尔于20世纪20年代后期生产出第一批用于冰冻饮品的机器。

随着技术不断地发展，哪怕是经济不那么发达的意大利，当能成功制造出第一批用于保存食品的工业冰箱时，制冷技术也就随之诞生了，并且将冰进行包装，然后作用于大批量的食品中，最后零售贩卖。罗马佩罗尼啤酒厂出现了第一台制冰装置，该厂自1901年以来一直在罗马庇亚门（Porta Pia）附近运营。1912年，古斯塔沃·乔万诺尼（Gustavo Giovannoni）建造了制冰厂。

但是，冰箱发展史上最令人意想不到的是，这种家用电器竟与相对论之父阿尔伯特·爱因斯坦（Albert Einstein）息息相关。爱因斯坦曾经与他的学生利奥·西拉德（Leo Szilard）一起发明了吸收式冰箱，这种冰箱没有发动机、压缩机或任何机械传动部分。触发他们这个想法的是一则新闻——柏林一户人家因冰箱压缩机故障发生氨气泄露而中毒身亡，这出惨剧给他们留下了深刻的印象。

19世纪初的托斯卡纳冰箱（资料来源：JPM木业）

1930年11月11日，一款吸收式冰箱在美国获得了专利（美国专利号：1781541），但后来被制冷冰箱所取代，人们便遗忘了它。不过在发现氟利昂会造成臭氧空洞之后，吸收式冰箱又“卷

土重来”。它的主要特点是运作时很安静，由锅炉（其中电热源或液化石油气热源加热水和氨的溶液）、冷凝器、蒸发器、吸收器和水箱组成。氨与水的分离在冷凝器中进行；氨进入蒸发器，减少外部环境的热量后，与丁烷接触进行蒸发；而在吸收器中，循环氨的水降低温度，吸收热量。整个过程完成后，水和氨又会聚集在水箱中，然后返回到锅炉再次进行循环。

还有一款冰柜被普及到了家中，这种冰柜是一种镀锌板衬里的木质大箱子。人们可以将冰块和要储存的食物都放在里面，而融化了的冰水从箱子底部的一个孔排出来。

所有我们有意识地保留下来的技术，都有助于改变我们的生活习惯，也在一定程度上改变了社会和经济结构（由具体情况和具体事物而定）。冰箱就是一个很好的例子。首先，没有冰箱就不会有如今的超市。从20世纪下半叶开始，冰箱开始普及，由于冰箱所具有的能够长时间存储食物的功能，我们习惯一周购物一次（甚至次数更少）。因此，之前人们每天都要去的鲜肉铺或卖沙拉罐头的小商铺也就渐渐消失了。

随后出现了冰箱的衍生物——制冷器。它和冰箱的工作原理相同，从此我们的饮食习惯也随之发生了很大的改变。

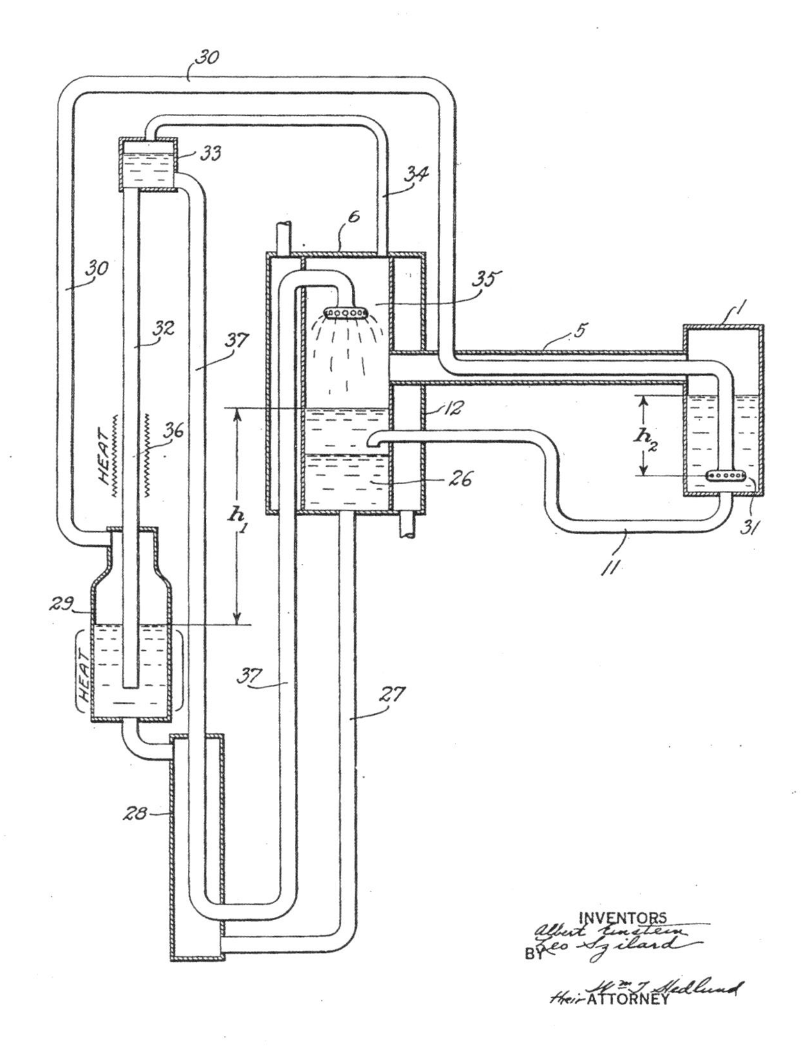

爱因斯坦和西拉德于1930年申请的专利

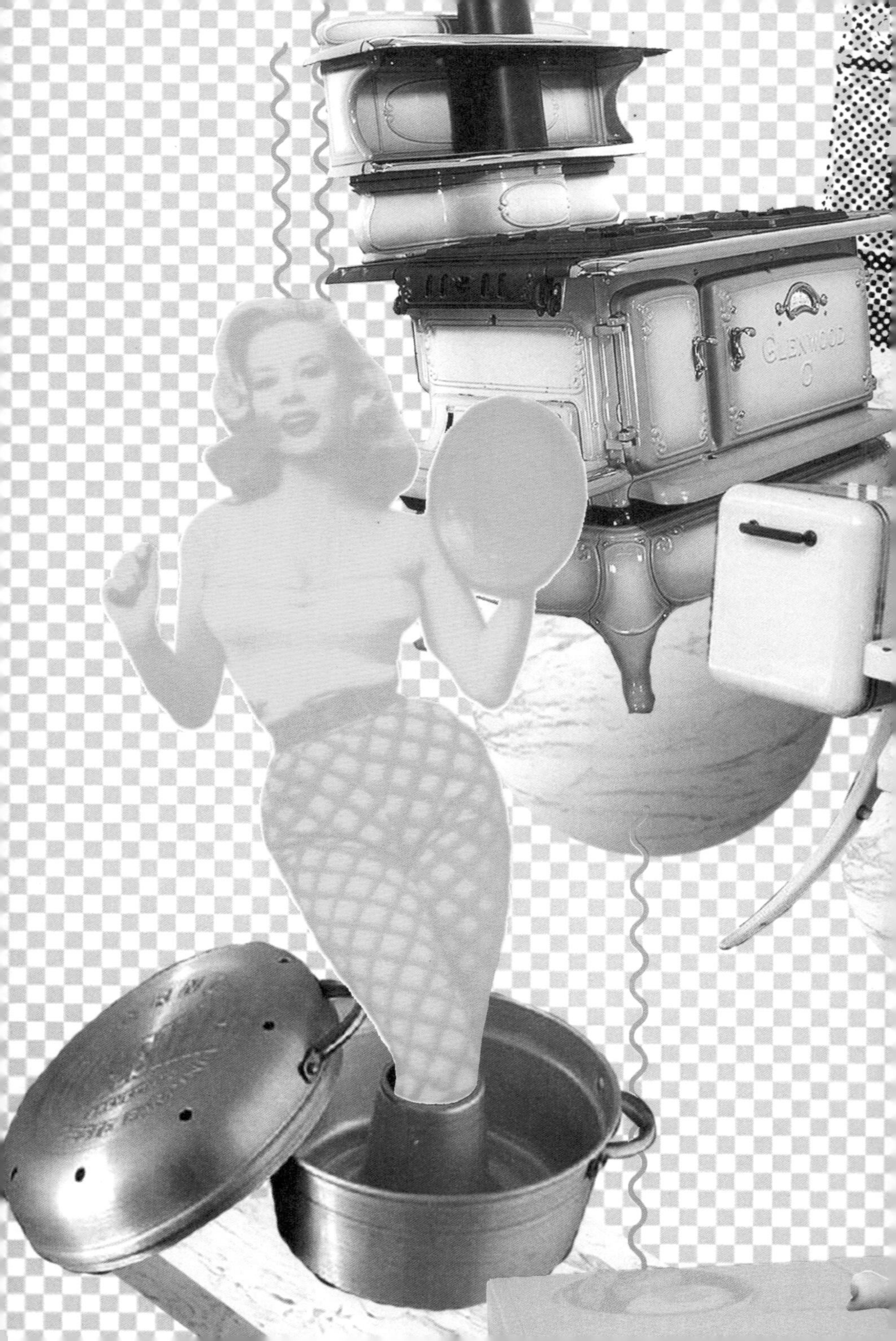
GLENWOOD

电炉：从电磁炉到微波炉

普罗米修斯的神话可以证明这一点：在人类历史上，火发挥着至关重要的作用。火不仅能抵御凶猛野兽的攻击，温暖人类的栖息地，还是食物史上的一座里程碑。克劳德·列维·斯特劳斯（Claude Lévi–Strauss）在其作品《生与熟》中分析了火在社会发展和人类关系中的作用，特别是在烹饪食物方面，它极大地改变了我们的生活方式，从本质上延长了我们的生命。烹饪不仅让食物更容易消化，还消灭了病菌。如果要说人类与其他物种（特别是灵长类动物）的区别，那么与对工具的使用相比，对食物的烹饪更能够说明问题。

很快，篝火就演变成了炉膛，几千年来的家庭群体生活也随之改变，人们在牧场和农场中找到了理想的聚集地。壁炉不仅是用来煮玉米粥或土豆的，到了晚上，一家人可以聚在壁炉旁祈祷，或者听老人讲故事。在一幢房屋中，这里正是“家”的意义所在，比其他任何场景都能更好地概括和表达“家”这一概念。直到今天，对于农村社会而言，社会学家仍用“火”来说明父权核心家庭。从某种意义上说，这些家庭至少可以有几十位成员。

再后来，用于烤面包的烤炉开始进入部分家庭。也许是因为它们嵌在墙体之中，所以从来没有人把它视为一个真正的“物品”，而是把它们看作房屋本身的一部分。那些没有烤炉的人则知道他们可以依赖村落或者社区里的面包店：那里的烤面包工不仅能烤面包，还能烹调出从辣椒到蛋糕等不同的食品。

到了工业革命时期，随之而来的是生铁和煤炭。19世纪上半叶，英国发明了经济实惠的炊具，取代了传统的炉膛。现在，随着技术的成熟，“烹饪”和“取暖”两个功能都包含在了一个装有点火器、锅炉和烟道的金属架构中，该金属结构也用作加热体。但是，其中仍然存在着燃料方面的问题，尤其是要排除灰烬和烟雾。直到第二次工业革命的发展，这一切才发生了改变。第二次工业革命发生在第二次世界大战后的意大利等国家，气罐中开始装入煤气，厨房和火炉便随之变成了“白色”。

我们都知道，普通锅做不出蛋糕，因为烹饪蛋糕所需的高温只有在密闭环境下才能达到。因此在20世纪30年代，彼得罗尼拉微波炉得以推广开来。彼得罗尼拉（Petronilla）是当今大多数人都不知道的品牌名字。而在第一次世界大战和第二次世界大战之间，在意大利的《星期日邮报》（*Domenica del Corriere*）上这个名字可谓是随处可见、人尽皆知。在资源稀缺的年代，彼得罗尼拉时常在该报上刊登可自给自足的食谱。阿玛莉亚·莫雷蒂·福贾·德拉罗维尔（Amalia Moretti Foggia Della Rovere）于1872年出生在意大利曼图亚，是女权主义和营养主义的先驱，她的笔名就是彼得罗尼拉。1902年，她嫁给了医生库萨诺·米兰尼诺（Cusano Milanino）。她也毕业于医学院，因其在作品《黑面包》中给人们带来的启示而出名，她在书中这样写道：“新技术和新技巧能让我们在没有相同原料的情况下，烹调出和以前一样的菜肴。这是真正味觉上的‘欺骗’，以精湛的技术创造出不含牛奶和鸡蛋的焦糖奶油、不含油的蛋黄酱、不含巧克力的巧克力蛋糕。”

“彼得罗尼拉”还是一款自产锅的名字：她通过自己的方式制作了一款铝锅，使得在没有烤箱的情况下，也能够在炉子上做出需要烤箱烹饪的食品。要在炉子上“烤制”食品，需要在不直

接与火焰接触的情况下，创造不使蛋糕或馅饼烟掉的高温环境。“彼得罗尼拉”铝锅由两口“锅”组成，一个放在另一个的里面：将外面的那口锅放在炉子上，在里面的锅内放上要烹饪的食物，后者则被包裹在热空气中，再加上配置有高边的圆柱形锅盖，导致热气可以在两个容器之间循环。

1947年，彼得罗尼拉的食谱停止更新，但是以这个名字命名的锅，与第二次世界大战后意大利的复兴，一起体验了“电气革命”。从那时起，这个名字便与技术性的物品相联系，直到今天，只需简单浏览一眼互联网，就能发现烤箱和烤炉似乎总在寻找“新客户”……

哲学家说，一切都处于变化发展之中。所以烤箱和烤炉也遇到了新的竞争者：一个小小的圆盘似乎就可以烹饪一切美味。

美国雷神公司（Raytheon）的职员佩西·勒巴伦·斯宾赛（Percy LeBaron Spenser）在实验用于雷达设备的磁控管时，发现了用微波烹饪食物的可能性。

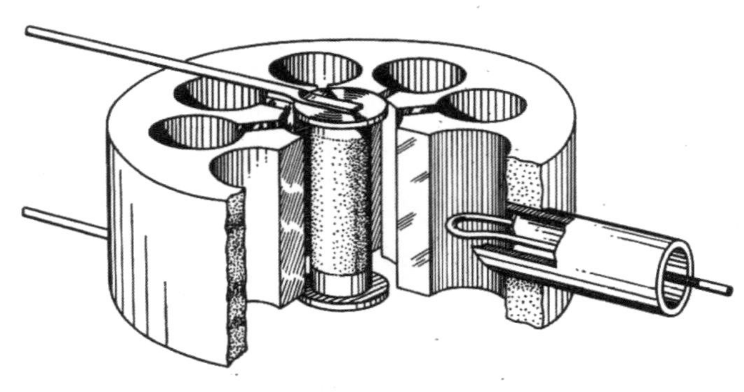

磁控管的示意图

磁控管是一种特殊的真空管，由一个金属腔形成，该金属腔的圆形截面围了一圈已真空处理了的波瓣。灯丝发出的电子被吸引到阳极的腔室壁上，但是由于强磁场的作用，这些电子按照弯曲的轨道运动，而空腔的存在，使这些电子以非常高的频率振荡，波长为10 cm。因为磁控管具有这一特殊功能，其自19世纪20年代起就已非常著名了，并在第二次世界大战期间为雷达技术的开发奠定了基础。

一天，在运行雷达时，斯宾赛发现口袋里的一块巧克力融化了。他立即意识到造成这种现象的原因是磁控管发出的微波，因此，他开始了实验：首先尝试的是爆米花，然后是其他食物。之后他获得了120项专利。

1946年，雷神公司为微波烹饪申请了专利。第二年，制造了第一台商用雷达炉（Radarange）：高约2 m，重达340 kg，具有制冷系统，功率为3 kW，比家用微波炉的功率高。随着这项新发明的成功，雷神公司收购了美国艾奥瓦州的家电制造商阿曼那（Amana）。随后，扩大了微波炉市场，相关的专利数量也在增加。到了20世纪60年代，立顿工业公司（Litton Industries）接管了富兰克林制造厂，开始生产类似于雷达炉的磁控管和微波炉。很快，他们便设计出了如今我们日常使用的现代烤箱。其中所配置的电子控件不仅安全、可靠，还易于使用。这是一种在军事物资供应环境下诞生的产品，不过凭借技术的不断创新，大幅度降

低了成本，最终微波炉进入每个家庭，不仅改变了家庭的饮食习惯，还能与冰箱协同发挥作用。

微波炉几乎成为美国所有家庭必备的家用电器，但在意大利它却还没有得到信任…… 尽管并不会对健康带来任何危险。食物能在微波中加热，是因为2 000 V直流电供电的磁控管会产生2.45 GHz的电场，功率约为1 kW，经过波导系统，微波将传送到与外部隔绝的烹调腔中，原理是很简单的。食物中包含水分、脂肪、碳水化合物等基本成分，这些食物内的分子受微波的带动，以交替运动的方式旋转、摩擦，从而产生热量，使温度上升。

微波炉：专利号2993973，1961年7月25日

Russell
Hobbs

ARTISAN

厨房机器人

技术发展永远不会停止，这种探寻精神是人类基因中所不可或缺的。

2004年，福维克（Vorwerk）公司推出了美善品TM31（Thermomix TM31）便携式多功能厨房料理机。这是电子学上的一个创新，它采用了玻璃纤维增强材料，并配有耐用的洗碗机，就算是在最低速度下也可以进行搅拌。但如果要重复运作，只能手动操作。虽然，这台机器似乎已经配备了顶级的配置，但是福维克公司和其他竞争对手仍在持续创新。

在家用烹饪技术的先进领域中，厨房机器人占据着突出的位置。厨房机器人最重要的是性能和实际效率，但是只有真正的技术人员才能控制这个先进的机器。

福维克公司无疑给全球做了一个标杆，并且从它的广告来看，其产品也在不断创造历史。一切始于1970年，当时，一位瑞士的技术人员汉斯–乔拉格·格伯（Hans–Joerag Gerber）蹦出一个绝妙的想法，他想将搅拌器与电加热器相结合，这样就能即时有效地做出一碗蔬菜汤。这个想法最终被德国伍珀塔尔的福维克公司所实现，该公司是由卡尔和阿道夫两兄弟于1883年创立的，并已经因制造工业机械而闻名，尤其是其旗下佛雷托（Folletto）牌吸尘器更是出名。福维克公司将该想法付诸实践，便立即受到了人们广泛的认同与欢迎，该款新型搅拌机代表着几年前投入生产的搅拌机的一种自然进化。1971年，VM2000机型的出现发起了一场厨房“加热机器”的革命。VM2000机型的控制系统非常简单，只有两个按钮，其中一个按钮控制发动机，另一个按钮控制加热定时器。

1975年，创新仍在继续，一种新的机型在法国上市。1978年，意大利制造了可调转速的VM2200机型，并且置有新的配件，它的主要功能特别适合烹调儿童食品，正因如此，机器被命名为Bimby（意大利语中“儿童”为“bimbo”）。但这台机器非常昂贵，相当于一个工人月工资的3倍。它名称的首字母缩写词发生了变化，形式也随之变化，同时其功能也更加丰富。美善品TM3300料理机能加热到100℃，12个刀片的转速达7 900圈/min。它不仅可以做汤，还可以烹制意大利面、炖肉、煮米饭等，当然还可以烹制蔬菜（附送一本详细而新颖的食谱烹制说明书）。

20世纪90年代，美善品TM21料理机诞生了。这款机型配备了用于蒸煮、搅拌的装置，涡轮的运转能使刀片的转速达10 200圈/min。其温度控制非常精准，可以恰到好处地融化黄油和巧克力而不让其煳掉。制造公司为其设定了可一次性烹饪四道菜的功能，并且确保在30 min内能完成一顿午餐。

所以，以美善品料理机作为参数，回首过去，似乎今日的美食正是《摩登家庭》里的未来世界的美食。虽然技术创新在其形式和复杂性上总是在变化，但回顾过去，我们可以发现，其本质在几个世纪中并没有改变。厨房机器人化，和那些与机器人有关的民间想象，对于文艺复兴时期的天才来说，并不奇怪。

莱昂纳多·达·芬奇（Leonardo da Vinci）设计了一种旋转式自动烤肉机，这种烤肉机由烟管中流动的热气推动运作。在《机器与仪器制造场》（1607年在帕多瓦出版）中，意大利工程师维托里奥·宗卡（Vittorio Zonca）专门为这种机器配了两张图。当时，宗卡写这本书是为了促进机器的革新。技术复兴时

期，在冶金术和机械学的时代浪潮中，这些机器不断地从工匠作坊和未来工程师的手中涌现：这也正为伽利略在其《新科学》里描绘出新世界做了准备。我们不知道这位伟大的比萨科学家（伽利略是意大利比萨人）是否了解当时在帕多瓦盛行的“宗卡风”，但毫无疑问的是他很欣赏那些新机器。

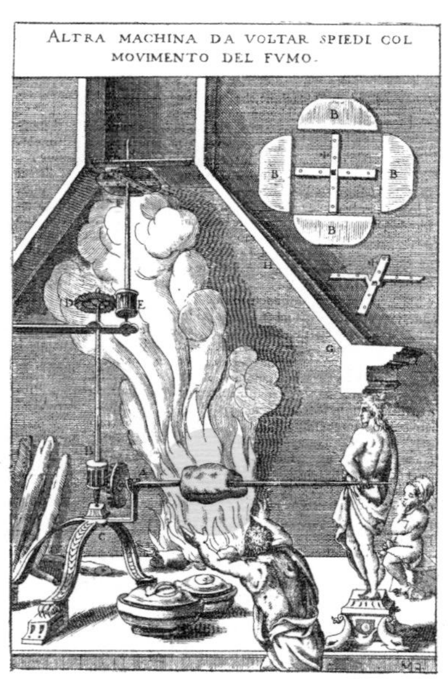

维托里奥 · 宗卡为烤肉机配的图

第一台烤肉机（上图左）被形容为一台“用于烹饪食物的铁叉转动器”。它的主要组成部件是一个发条机械装置，人们可以看到其详细的零部件，如此便能对每个“成员”进行观察和检测。就如同过去那些机械钟表一样，可以看到内部的构造。不过在当时，伽利略和惠更斯还没有完善摆钟。如上图所示，在小圆筒A内，缠绕有螺旋形的钢制弹簧，由转柄J来确保该装置的运转，而转柄J的运动则依赖于摆动的平衡摆H（又被称为原始平衡摆）。我们还可以发现，在被绳索卷裹的圆锥B，它在机械的整个运转过程中，对主体的运动提供了持续的作用力，即确保了烤肉串的匀速旋转。

不过，第二种机械装置（P70页图右）更让人惊讶，它被称为“靠着烟气使烤肉转动的机器”。在正式介绍它之前，作者首先用了很长的篇幅谈论那些由动物（包括人力）驱动及由水力、空气或者火力驱动的机器，然后才对其进行了详细的描述。

首先，需要两根比小拇指还要细的铁杆（即右图中竖着放置的两根铁杆），其中一根要和冒出的火焰一样高，另一根要和烟囱罩一样长，即火焰到烟囱通烟道的高度。第一根铁杆的头部变细，并放置于三脚架C上，而这个三脚架则支撑着烤肉串，同时肉串的顶部带有齿轮A，并通过固定在铁杆上的圆柱形装置B来运转，而铁杆的另一端则备有另一个齿轮D，在其附近还有一个上述的圆柱形装置E，它固定在另一根铁杆的顶部，而这根铁杆的高度直达烟囱的通烟道，上端有一个薄铁皮制成的一个小罩子F，这种铁来自德国，那里产的铁比较轻。这个铁皮罩子钉在一个有方孔的铁十字架上，这样的话，就算铁皮松动，铁杆也仍能保持旋转，它在整个通烟管的最高处，从而在转动中能罩住全部的烟。

显然，在那段时期，那些用德国铁制造的机器已经超过了意大利国内制造的其他机器。然而，打开厨房自动化之门的真正钥匙，却是电力。厨房自动化早期的代表是电梯。电梯在运送人之前，是用来将食物从烟熏火燎的地下厨房运送到明亮通风的房间的。

后来，电力成为一种新的机械驱动力，而不必再使用手柄驱动了。1909年，由美国通用电气公司销售的早期电烤面包片机，只能烤到面包片的其中一面。直到1927年，美国查尔斯·斯特里特（Charles Strite）才发明出了能烤到双面，并带有加热元件的自动弹出式烤面包机。如今，一些新款烤面包机还可以烤刚从冰箱里拿出来的冷冻面包。

最后，我们以美国著名品牌凯膳怡（KitchenAid）料理机的成功案例来结束本章讨论。1919年，来自俄亥俄州的工程师赫伯特·约翰斯顿（Herbert Johnston）设计了一台机械搅拌器。该搅拌器一经推出，便立即进入了家庭生活中，它还有一个不太有吸引力的名字——H-5。据说，在约翰斯顿工作的工厂里，一位经理的妻子看到这台机器的运作后，惊呼道："我不在乎它的名字！这是我用过的最棒的厨房用具！"不久后，这台机器更名为凯膳怡（KitchenAid）。

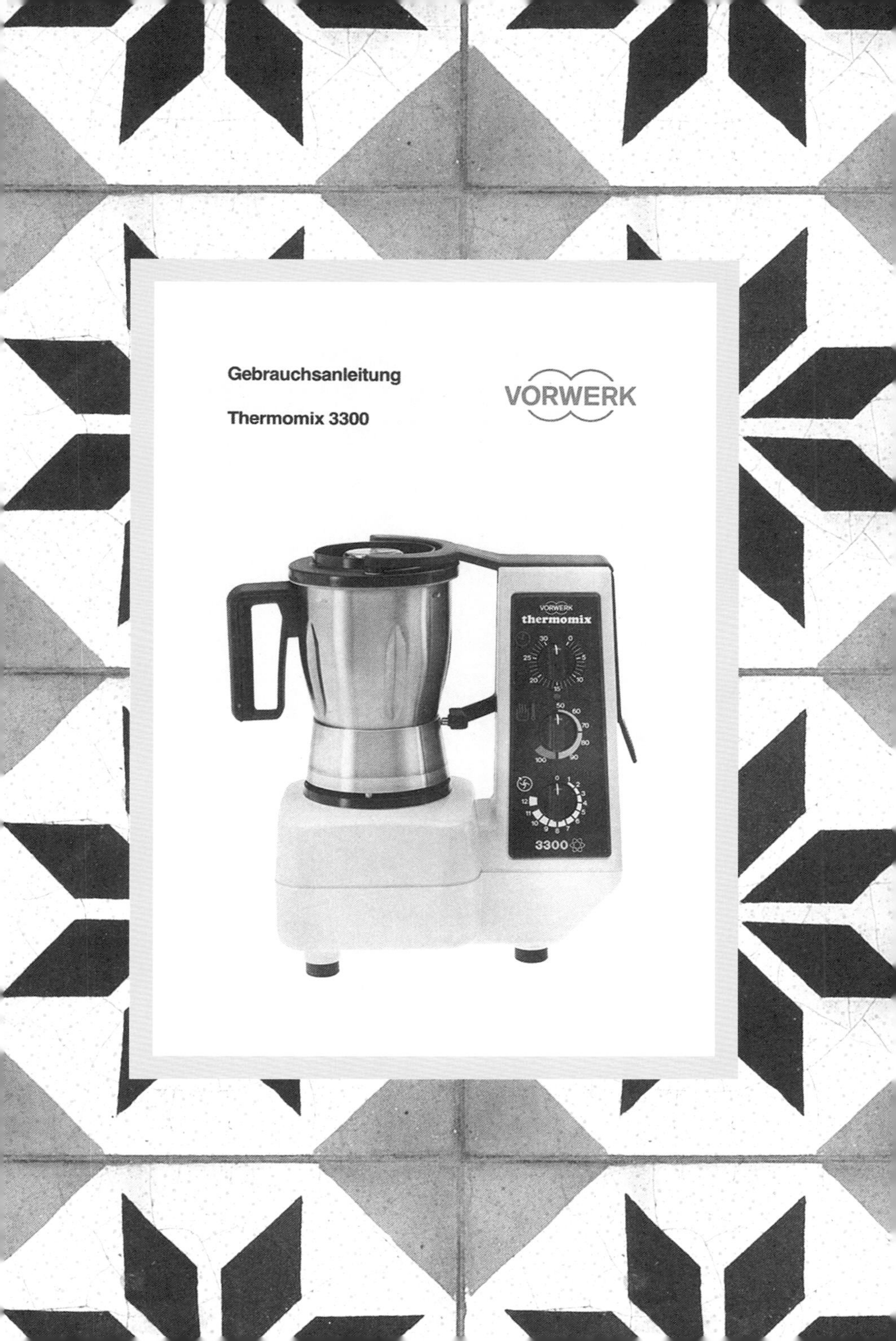
Gebrauchsanleitung
Thermomix 3300
VORWERK
VORWERK
thermomix
3300

Strong
SERVED

咖啡机

每个厨房，无论是市中心豪华公寓的厨房，还是郊区一居室的厨房，尤其在意大利的厨房，咖啡机是必不可少的。接下来就让我们从一个与咖啡相关的意大利风格著名标志说起，这就是那不勒斯咖啡机。那不勒斯咖啡机是那不勒斯文化的基本要素之一，并且在那不勒斯喜剧家爱德华多·德·菲利波（Eduardo de Filippo）的《幽灵》（*Questi fantasmi*）里有一段著名的独白中描述展现了这一点。其中写道，主人公帕斯夸莱（Pasquale）“非常愉快地坐在阳台左边的位子上，他的面前有一张桌子，上面有一个果盘、一台小型那不勒斯咖啡机、一套杯碟。帕斯夸莱一边煮着咖啡，一边和桑塔纳教授交谈”。

对于我们这部分那不勒斯人来说，如果要短暂待在阳台一小会儿……比如说我吧，除了一杯咖啡，其他的我什么都不会带。我会安安静静地带着咖啡去，喝一杯之后，再睡一会儿。我一定会自己煮咖啡，这虽然是一台4杯量的咖啡机，但其实也可以做6杯，如果杯子小的话，还能做8杯和朋友一起喝。咖啡很贵的……谁会像我一样，怀着同样的热情，仔细地为自己煮一杯咖啡呢？……您知道要为自己端上一杯咖啡，在这个过程中就不应该忽略任何一个细节……在壶嘴上……您看到壶嘴了吗？教授，您在看什么？这儿……你总是喜欢开玩笑……不，不……您尽管开玩笑……我把这个纸杯放壶嘴上……这看上去似乎没什么，但其实这个杯子大有乾坤……

是的，这样一来，咖啡最初所呈现的味道就不会挥散出去，反而会越来越浓。而且教授，在倒水之前，我至少要煮沸 3～4 min，然后再倒水。我和您说，在咖啡壶里有孔的地方，必须撒上半匙新鲜研磨出来的咖啡粉。这是一个小秘密！这样的话，煮好的咖啡在倒出来的时候就会更香。教授，您有时也会自娱自乐，因为我时常能看到您在阳台煮咖啡。我也是这样的。确实，就像我和您说的，我的妻子不愿意配合我，我就得自己烘咖啡……教授您呢？……你们就做得很好……这可是最困难的事，因为要掌握最准确的时间点、颜色……就像一个修道士的披风……修道士彩色的披风。这多么令人满足啊，我也不会发脾气，对于一个糟糕的组合，或者对于一个错误的举动，您知道……不自己动手煮咖啡，只是摆个姿势，就把和喝咖啡混在一起……总之，就很奇怪了……我自己煮咖啡，而不是别人煮好，然后对我说“好好拿着”。我觉得这样很好，所以无论如何我都喝自己煮的咖啡。……而且我会留半杯，边抽烟边喝。

我们总是能在文学作品中看到咖啡的出现，而研磨机则是必要的存在，因为咖啡豆需要磨成咖啡粉。朱塞佩·焦阿基诺·贝利（Giuseppe Gioachino Belli）在十四行诗《咖啡哲学家》中对其作了抽象的升华：

世界上所有人都是一样的，
就像研磨机里的咖啡豆：
一个接着一个，一个挨着一个，
而所有人都有着相同的命运。
他们经常变化位置，也经常离去，
无论大的、小的，
都挤在这铁壶的入口，

旋转着，旋转着。
所有的人就这样生活在这个世界上，
命运交织在一起，
如同在一个圆圈里不停地转动。
每个人都或快或慢地移动着，
没人了解，就这样坠入，
死亡的深渊。

咖啡的历史源远流长。传说，阿拉伯费利克斯或者埃塞俄比亚的一些山羊吃了咖啡种子后就会变得异常兴奋。正因如此，在16世纪末，这些种子及从中榨取的饮品流传到了欧洲各地，广为传播。那时候烘焙过的咖啡粉需要在水中煮沸，现在地中海东部一些国家仍然是这样做的。直到18世纪末，才开始出现了能够从底部过滤咖啡的“机器”，随后在欧洲流行开来。

咖啡流行起来之后，彼得罗·韦里（Pietro Verri）还用“Caffè”作为他所创立的报纸的名字。早在1764年，在其第一卷第一页上就刊登了一篇《咖啡自然史》，并详细描写咖啡制作过程：

> 我把咖啡豆磨成粉后，将其放进了干燥的咖啡壶中，再置于火上。咖啡壶沸腾后咖啡所含有的硫黄和油性成分就随着水蒸气挥发出来，而除了这些有毒的部分则全部被水吸收掉。完成这项操作后，再把咖啡静置1 min，使其中的粉末沉淀在壶底，然后把咖啡倒入另一个有芦荟熏香的咖啡壶中，这样你会发现，咖啡就变得更加可口、更加美味。

其后，罗伊（Roi）申请了液压咖啡机的专利。这与其说是一个咖啡机，其实更像一个配备在化学实验室里的仪器。这款咖啡机最开始是出现在上层社会的休息室中。它采纳了波顿真空咖啡机（Bodum PEBO）的原型，由两个球形玻璃容器组成，一个叠在另一个上面，由一根玻璃管连通。只要把水倒进下面的球型容器中，再把咖啡粉放入上面的球型容器中，然后将其放在炉子上加热，奇妙的反应就此发生。沸腾的水会增加下方容器的压力，热水通过玻璃管向上运动。熄灭炉火后，下方容器的压力恢复到正常值，咖啡就顺势流下，而咖啡的沉淀会留在一个金属厚网格中。

自19世纪末以来，咖啡机的发明转向了服务于公共场所的咖啡机。因为其操作过于复杂，特别是在维护方面，导致家用咖啡机一直没有实现。

都灵的安吉洛·莫里安多（Angelo Moriondo）发明了第一台压强为1.5 Pa（bar）的压力咖啡机，获得了相关专利，并且在1884年的意大利都灵博览会上展出了这款压力咖啡机。

1901年，路易吉·贝泽拉（Luigi Bezzera）完善了一款“既经济实惠，又能即时饮用”的新型蒸汽咖啡机。这种咖啡机采用了A.莫里昂多（A. Moriondo）系统，其中增

17世纪的一项专利，液压咖啡机

加了操作压力，并在国际市场占有一席之地。同时，贝泽拉还申请了新的专利。1903年4月28日，美国专利局为此颁发了专利号为726793的专利证书。

与此同时，米兰企业家德西德里奥·帕沃尼（Desiderio Pavoni）意识到浓缩咖啡的优劣取决于咖啡流出时所受到的压力，所以他在取得贝泽拉的发明授权后，便开始将公共场合使用的咖啡机投入工业化的生产，同时还打开了国际市场。

这中间其实花了30年左右的时间才开启了真正的咖啡"革命"。1919年，阿方索·比亚乐堤（Alfonso Bialetti）在克鲁萨纳洛（Crusinallo，位于意大利韦尔巴诺库西亚奥索拉省的皮埃蒙特大区）开设了一家为第三方生产铝制半成品的车间，不久后便开始自主设计能投放到市场的产品。1933年，"moka express"摩卡壶诞生了，它是一种艺术装饰的设计品，彻底改变了咖啡的制备方式，并被无数次模仿。以前，人们想喝浓缩咖啡的话只能去咖啡厅。然而，由于摩卡壶是铝制成的，构造非常坚固，且上下两个部分彼此拧紧，便可以使壶内的压力分散，这样就可以从咖啡粉末中提取出可口的饮品。那不勒斯咖啡机里的水只是简单地从研磨的咖啡中流下来，不同于那不勒斯咖啡机的是，摩卡壶在咖啡制作完成时会发出汩汩的声音，这是一种独特且更有效功能的标志。摩卡壶的下部有一个活门，以防止因过滤器堵塞而产生过大压力。摩卡壶如今在市场上仍占有一席之地，并且并不会被指责"老龄化"。

实际上，包括比亚乐堤公司在内，它们随后对咖啡机的改进并没有实质地改变摩卡壶的最初造型和功能。例如，当我们想申请一种能够制造卡布奇诺咖啡的摩卡壶专利时，一想到复杂的申请流程，就使我们不得不屈服于传统，导致难以推陈出新。然而当电视出现后，比亚乐堤公司则借机向前迈进了一大步，他们在电视广告上进行了可观的投资（在当时绝对是一个不可预估的数字）。而漫画家保罗·坎帕尼（Paul Campani）在20世纪50年代所创造的留着小胡子的矮个子（摩卡壶的卡通形象）一出现就成为了摩卡壶的象征。

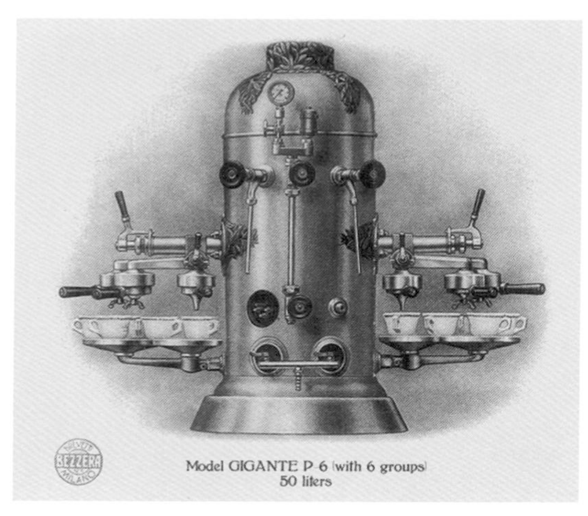

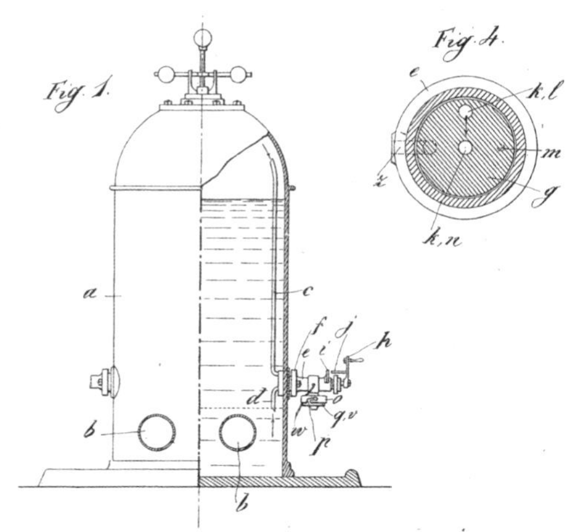

路易吉·贝泽拉于1903年向美国专利局提交的编号为726793的专利设计

专利号4516484：1985年6月14日提交的有关卡布奇诺咖啡机的专利

人们乐于在家中就能喝到一杯浓缩咖啡，可以享受到和咖啡厅一样的感觉。实际上，采用高压蒸汽技术的家用电器一直存在，只不过从未找到有利的市场。机械、液压与电子相遇，使得设计和高科技擦出了火花，意式浓缩咖啡机出现，搭配小包装咖啡粉使用，使得公司里也出现了专门供大家享用咖啡的休息区。星巴利（Cimbali）、加吉亚（Gaggia）、帕摩尼（Pavoni）等著名品牌将咖啡机变得更小，以便推广自己的品牌，随后这些小尺寸的咖啡机伴随着强烈的广告攻势进入了意大利人的厨房中，这些产品足以打破摩卡壶的垄断局面。实际上，这种情况下的生意就取决于咖啡粉包了。

浓缩咖啡机不仅是技术的瑰宝，甚至可以将其与人体对比："解剖"之后能清楚地看到其中的各个功能。

有一个循环系统，配有一个水循环的泵和管道。

有一个肌肉系统，可以托住咖啡包，并将其封闭在密封的环境中，好让加压的蒸汽通过它。

有一个传感系统，可以感应温度，发出缺水警告，同时管理着不同的"性能"。

当然，所有的系统都得由一个小小的电子大脑来管理，没有它，机器就无法运作。

随着咖啡机的普及，它不再只局限于商铺中的使用。因此，越来越多的著名设计师开始加入咖啡机设计的行列。2005年，宾尼法利纳汽车公司总裁保罗·宾尼法利纳（Paolo Pininfarina）获得了"*sua*"咖啡机的专利，不久之后，他又得到了布加迪（Bugatti）汽车公司的安德烈亚斯·塞加兹（Andreas Seegatz）、赛普尔（Seppl）陶瓷公司的阿维德·豪瑟（Arvid Häusser）和奈斯派索（Nespresso）咖啡胶囊公司的安托万·卡恩（Antoine Cahen）的支持和协助。每天还有更多的人加入到了创新的队伍。

第三章
卧　室

电话

曾经，黑色胶木做成的电话是挂在墙上的，有时候为了让话费更低，人们选择了共线的电话。

如今，电话已不再是“家庭用品”了，而是个人物品，甚至可以说是非常私人的物品。有统计数据显示，意大利人均拥有1.5个电话。以前，听见电话响了，拿起听筒会对电话那头说：“你好，哪位？”而今天，人们会说：“你在哪儿？”这是因为即使蜂窝系统能够定位每个设备，但电话另一头的人却无法确认对方所处的位置。这就是美国人称之为“移动电话”（mobile）的原因。

然而，就在几十年前，电话只出现在贵族家庭之中，同时他们的地位也因此而彰显。而对于普通人而言，要打电话的话，则必须去公共场所使用公用电话……

电话是意大利的发明吗？看起来是这样的。亚历山大·格拉汉姆·贝尔（Alexander Graham Bell）（1847—1922年）与安东尼奥·穆齐（Antonio Meucci）（1808—1889年）（以及他们的继承人）之间存在长期的法律纠纷，不过最后美国国会确认了后者才为电话的发明人，但穆齐没有钱来巩固本应属于自己的发明专利。（准确地说，穆齐的专利文件先于贝尔，但最早美国众议院并没有按照发明的优先权来进行判决：前者是1871年，后者是1876年。这实际上是业界内部一直在争论的问题。）

但是，并非所有人都知道，与穆齐和贝尔之间错综复杂的故事相类似的，还有另一个同样复杂，同时带有神秘色彩的故事，那便是与意大利瓦尔达奥斯塔区的因诺森佐·曼泽缇（Innocenzo

Manzetti）的发明有关。曼泽缇出生于1826年，死于1877年。自19世纪40年代初以来，他对远程语音通话很感兴趣。回到1849年，我们会说起两种设备，“两种喇叭形的容器和一张用白铁皮绷紧的羊皮纸。我们也尝试用纸板代替羊皮纸……”

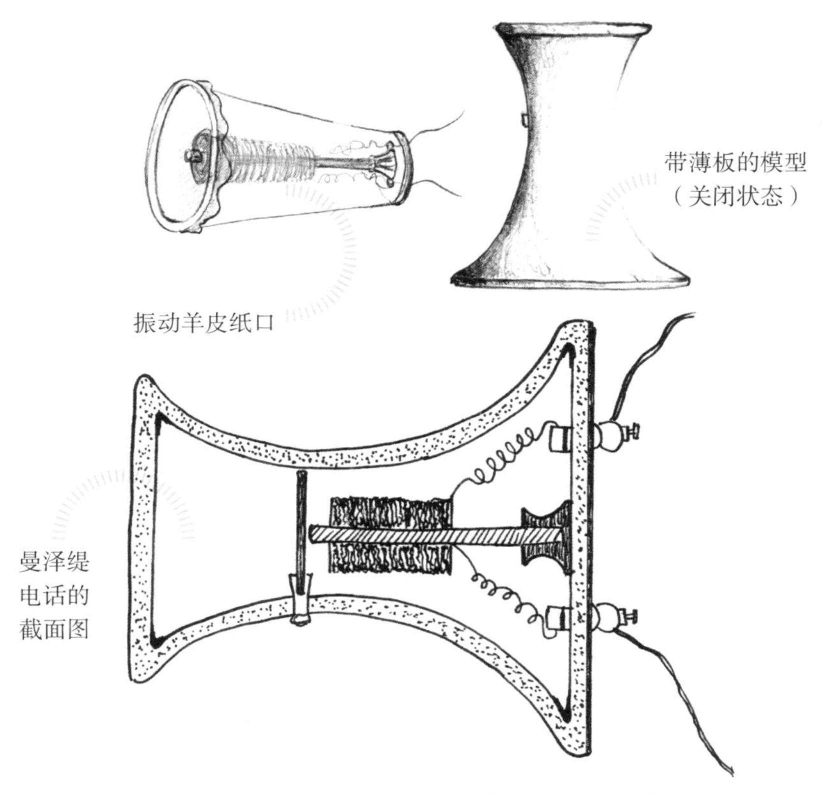

曼泽缇的第一台电话再现图［莫罗·卡尼贾·尼可洛蒂（Mauro Caniggia Nicolotti）绘制］

因此，很显然，利用电作为媒介来传播声音的技术是在阿尔卑斯山的山脚下诞生的。在欧洲引起轰动之后，1865年10月19日，这一消息穿越大洋，刊登在纽约报纸《意大利之声》（*L'Eco d'Italia*）上。穆齐看到报纸上的描述，发现这些都是他

发明的电话中的组成部分。穆齐给报社写了一封信，希望有人能够联系曼泽缇并告诉曼泽缇是他先发明的，同时也申明不能够否认发明优先权。

这一发明在美国非常出名且火爆，但在意大利，曼泽缇尽管完善了他的“电话”系统，使其能够通过一个自动装置讲话，并将该发明提交给了政府，却没有得到应有的重视。实际上，曼泽缇是再次遭到了教育部部长卡洛·马特奇（Carlo Matteucci）的反对。马特奇在1864年就表示，他绝不允许采用曼泽缇的装置，因为该装置与电报机不同，使用者能通过这一装置直接进行交流，从而让使用者可以规避公共管理与控制。

曼泽缇于1877年去世，享年52岁，他的所有发明均被他的妻子出售。1880年2月7日，这些发明被出售给了德国人马克斯·迈尔（Max Meyer）和美国人贺拉斯·艾尔德雷德（Horace H. Eldred）。碰巧的是，后者是贝尔电话公司办公室的总裁之一，也是贝尔本人的直接密使。在大洋之外，这项发明的经济重要性已人尽皆知。

不过，曼泽缇的发明天赋不仅仅表现在发明电话上。在他无数的发明中，还有很多与家庭相关的内容，或许其中的面条机会引起大家的兴趣，这也是现代面条机的前身。

1857年6月1日，曼泽缇从撒丁王国那里获得了这台面条机的专利。1857年6月26日，在法国获得了面条机的专利，有效期为15年。6月29日，又在比利时获得了专利。这项新发明在两西西里王国受到了当地文化的欢迎，但皇家却鼓励自然科学研究所揭发曼泽缇的这项发明是抄袭了于16世纪末发行的《阿戈斯蒂诺·拉梅利（Agostino Ramelli）上尉不同的人造机器》里的泵。尽管如此，曼泽缇的面条机仍在国际上取得了很大的成功：1859年，比利时工程师让·伊克姆（Jean Eyquem）询问面条机是否出

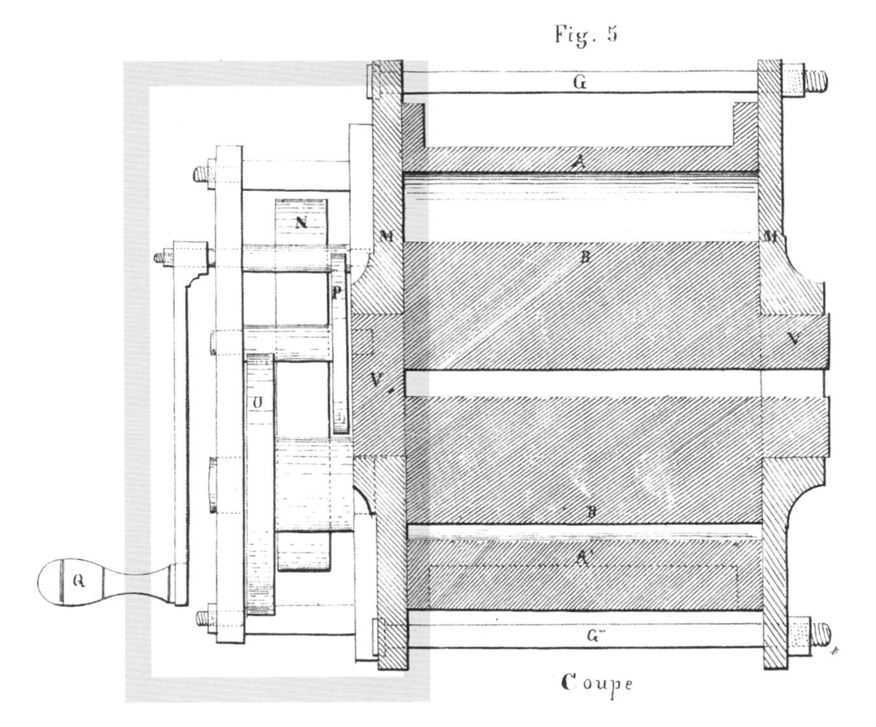

曼泽缇的面条机：图片由莫罗·卡尼贾·尼可洛蒂（Mauro Caniggia Nicolotti）提供

售，而一位英国企业家也购买了该专利，并且只花了一小笔钱。

关于电话的发明和创新，在很长一段时间内，有着很大的争议，如果需要说明这些，可能还需要单独出一本书。不过另一方面，我们可以找到已存的大量可参考文献。另外，我们也不应忘记是两位女性推动了这项发明的传播。

1860年，伊万杰利娜·博特洛（Evangelina Bottero）出生于意大利阿奎泰尔梅（Acqui Terme），于1875年就读于佛罗伦萨师范学校，并在那里认识了她的同学卡罗莱娜·玛吉斯特拉里（Carolina Magistrelli），她们拥有相同的教育背景和专业经验。

“两种声音的科学”是一项由博洛尼亚大学赞助的科学史研究项目，致力于研究女性对科学知识的进步和传播所做出的努力与贡献，博特洛在佛罗伦萨读完师范课程并获得文凭后，和玛吉斯特拉里一起报考了大学。在当了一年的旁听生之后，她们于1880年成功升入了罗马物理、数学和自然科学系二年级。1881年，博特洛从自然科学专业毕业，并于次年在罗马高级师范学院物理专业任教，直至1922年。值得注意的是，她和玛吉斯特拉里一起于1883年出版了一本颇受欢迎的教科书《电话》，著名物理学家彼得罗·布拉瑟纳（Pietro Blaserna）为之作序。这本手册是为献给玛格丽特女王所著，如布拉瑟纳所说：“博特洛小姐和玛吉斯特拉里小姐想要以简单明了的形式，来解释现代物理学最令人惊讶的发现之一。”因为电话在发明之后的短短几年间，就已经进入了现实生活中，而且发展迅速。几乎没有哪个重要城市是没有电话的，而公众从中能得到的好处也是可观的。令人惊讶和耳目一新的是，在19世纪，一个完全由男性主导社会和科学环境的世纪中，两个只有23岁的女孩能够“帮助那些无法利用广泛资源的女学生，了解这项最新和最有趣的科学应用及其中的科学原理”，而且还发表了有关电磁的有趣观点。

然而，对于这项“最新和最有趣的科学应用”的怀疑仍不绝于耳，其中还包括意大利共和国伟大的知识分子和前总统路易吉·伊诺第（Luigi Einaudi）。1904年，伊诺第在博科尼大学教授金融学，并和《意大利晚邮报》有合作，并且报社主任路易吉·阿尔贝蒂尼（Luigi Albertini）希望他能在家中安装一部电话，但是伊诺第却不同意，认为这会破坏安静的家庭时光和工作环境。那么我们来读一读他们之间的往来书信：

尊敬的教授：

您是否愿意在家里安装一部电话，并且费用由我们承担呢？您会感受接听我电话时的喜悦，特别是在一大早。我们可以交流一下想法，让我们的合作更有效、更自如，您自己也可以打一个简短的电话。

路易吉·阿尔贝蒂尼

1904年4月21日 于米兰

尊敬的主任：

……至于您提到的电话，客观来说，在我家安一个电话没什么困难，但是您说您会在早上给我打电话，问题是早上我从不在家。上完课后我就把自己锁在档案馆里，而且在12点前不会离开。我深信在现在的经济和金融理论中，除了这个愚蠢的头衔之外，并不能解决实际的生活问题。而更为滑稽的是，意大利的经济学家竟然还用一种新的形式来表达人尽皆知的东西。虽然他们尝试通过一些文章向公众普及他们所知道的事情，但因为他们的不作为，这种行为更像是在维护自身所剩无几的尊严。我为了写几篇文章，已经开始学习历史了。从现在起的10～20年，大家将会看到我出版一系列令人印象深刻的书籍，这些书籍讲述的就是18世纪皮埃蒙特的经济和金融历史。

路易吉·伊诺第

1904年4月22日 于米兰

而法国作家马塞尔·普鲁斯特（Marcel Proust）的态度就截然不同，当电话一出现在他家中之时，普鲁斯特就发出了感叹："真是奇妙的想象力，只需要片刻就可以让我们想要与之交谈的

人出现在‘身边’，哪怕看不见，但他们就是真实地存在着。”

电话已经安装在我的房间里了，为了避免打扰到我的父母，我把电话铃声设定为一只雨蛙的叫声。我担心听不见电话响，于是我僵在那里没有动，那也是我几个月来第一次注意到了时钟的嘀嗒声。……我开始倾听，备受煎熬。当我们等待时，从收集噪音的耳朵，到剥离分析噪音的头脑，再从头脑把分析的结果传递到心脏，这两趟旅程是如此之快，以至于我们无法掌握其中的过程，这看上去就像是直接从内心所发出的声音。

——摘自马塞尔·普鲁斯特《追忆逝水年华》

几年后，瓦尔特·本雅明（Walter Benjamin）回忆起他在柏林家中因电话机而产生的焦虑。从他家里的摆设我们就能很好地理解本雅明对于这个发明的情感。

那时候，电话挂在过道不起眼的角落里，在装满脏衣服的洗衣篮和煤气表之间，受到排斥和侮辱。在那里，铃声一响起，反而加重了柏林公寓里阴森森的感觉。当我为了结束那阵铃声，而在这阴暗的过道漫长地摸索之后，我几乎完全被恐惧打败了，当我拿起那两个像哑铃重的听筒，强迫自己用头贴着它，然后我只能服从于听筒里发出的声音。

听筒里发出的声音让我感到焦虑，对此我也无能为力，我遭受了痛苦，它打乱了我对时间、计划、决定的认识，让我无法反思。就像电话这个媒介也要服从于外部主导它的声音一样，我也听从于电话那头传递给我的第一个指令。

——摘自瓦尔特·本雅明《柏林童年》

家庭中的故事也围绕着电话展开。在19世纪30年代，美国新闻媒体中出现了电话的使用说明，所以就出现了“处世之道”，这是教育所必须遵照的道德准则。

在白色电话机时代之后，对我们来说，白色电话仅出现在大屏幕上。在重建时期和经济奇迹的年代，电话代表了迈向全球化的第一步。后来，有人用电话给远方的女儿讲童话故事。

从前……

有一个叫比安奇的会计。他是一名商务代表，每周工作6天，在意大利的东、西、南、北、中到处推销药品。他周日回到家里，周一早晨又离开。但是在他离开之前，他的小女儿对他说：“爸爸，拜托你，每天晚上都给我讲个故事。”他的小女儿没有故事就无法入睡，而她妈妈已经把自己所知道的故事重复讲了3遍了。因此，每天晚上，无论他身在何处，比安奇都会在9点打电话到瓦雷塞，给女儿讲一个故事，都是些很简短的故事——这没办法，因为他得自己掏电话费，所以不能打太久的电话。但是有时候，如果他做成了一笔好生意，他就可以讲一些长的故事。人们都对我说，当比安奇先生打电话到瓦雷塞时，总机的小姐们会暂停掉所有的电话，只为听一听他的故事。

——摘自贾尼·罗大里（Gianni Rodari）《电话里的童话》

我们现在正在进行的一场革命，或许在将来的某一天会称之为“ICT革命”，因为它就像农业革命和工业革命一样，改变着世界。电子学和信息学引领了一次前所未有的高速创新潮。摩尔定律提出后，处理器的性能每年都将提升一倍，这也恰恰是电话所经历的最深刻的变化，不仅是技术方面的变化，还包括其对社

会的影响。电话从一个家用物品转变为了私人物品之后，它还承担了更多设备的功能，如照相机、记录器、备忘录、计算器、音乐播放器、终端机，甚至还有电视机。

电话的拨号盘首先发展成了键盘，再变成了触屏键盘，它经

1888年
照相机

1930年
电视机

1888年
音乐播放器

1877年
电话

备忘录

1895年
摄像机

历了一个从拨号到按键，再从按键到触屏滑动的变化过程。

20世纪的许多技术发明都汇集到了电话的发展中。而正如我们一开始说的那样，电话现在已发展为智能产品，不再局限于家庭中使用了。

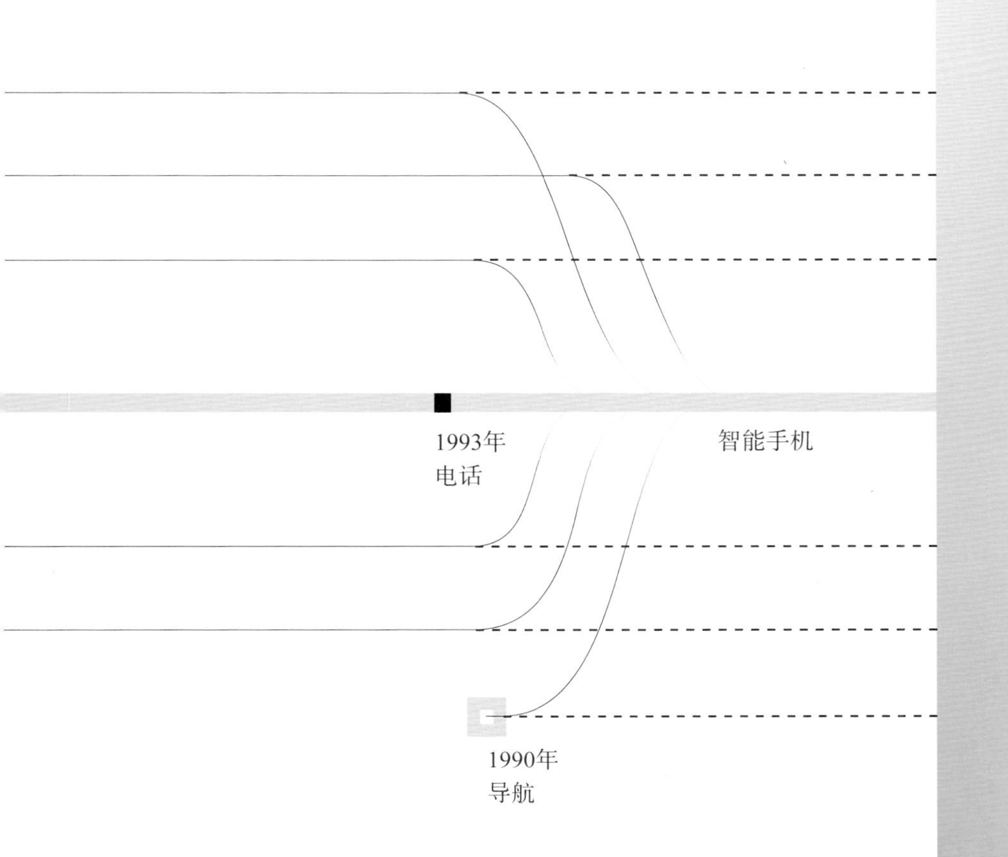

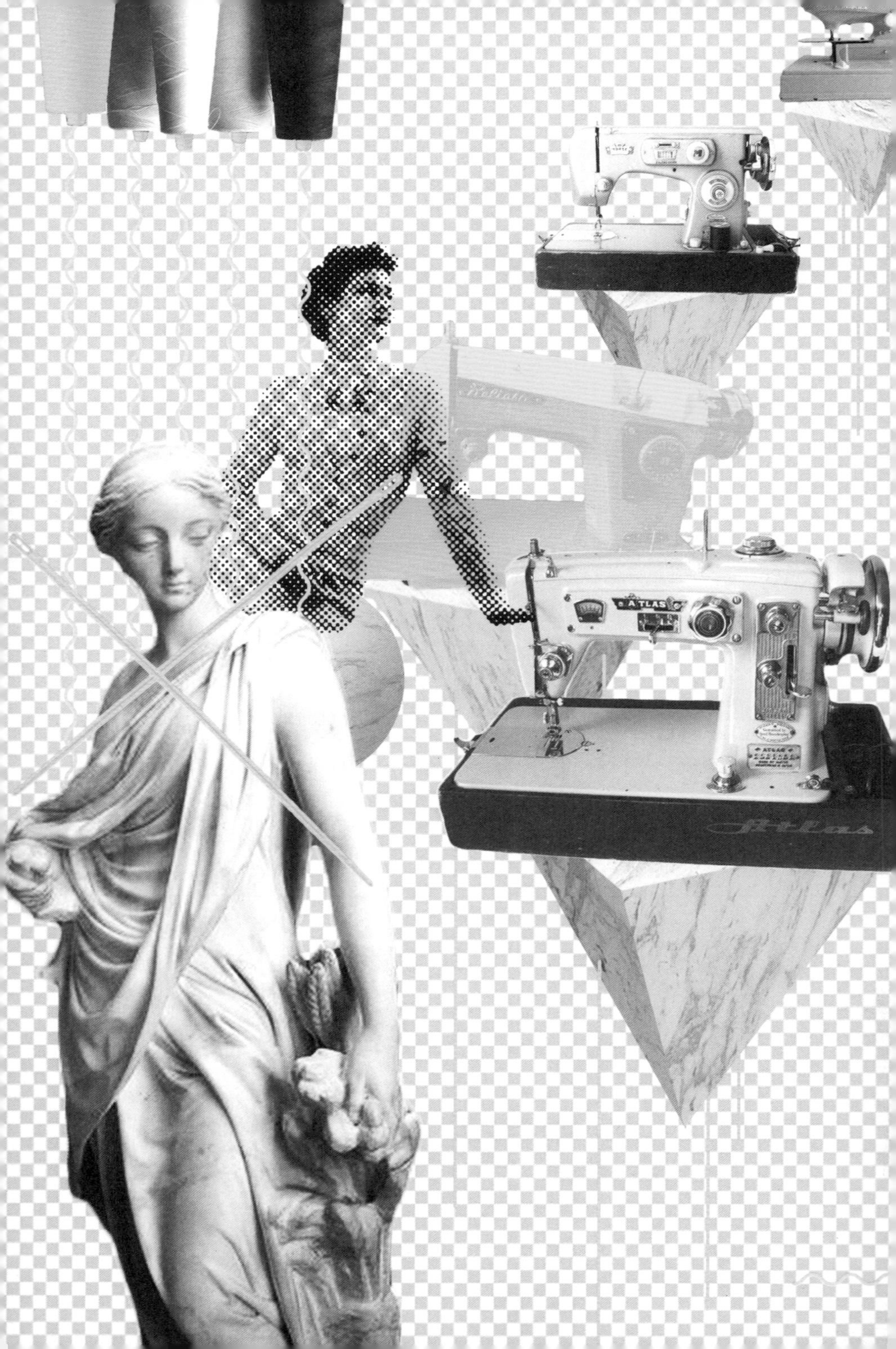
ATLAS
Atlas

COLLAPSIBLE SHOULDER
2
American Home
45
De Luxe

缝纫机

现在，拥有一台缝纫机不再是什么值得炫耀的事情了，因为哪怕是在最简陋的裁缝家里，也能拥有一台和资产阶级家里相同型号的缝纫机。意大利画家翁贝特·波丘尼（Umberto Boccioni）在1908年绘制了一幅《缝纫机的传奇》。要知道，没有哪个画家有想过用这样的方式来描绘缝纫机，就连19世纪40年代末期以作品《缝纫机》而大获赞赏的意大利画家雷纳托·古图索（Renato Guttuso）也是如此。缝纫机是在18世纪中叶发明的，在后期不断发展完善，虽然取得了许多专利，但少有几次真正的成功。

德国人查尔斯·弗里德里希·魏森塔尔（Charles Friedrich Weisenthal）于1755年获得了“缝纫机针”的专利。后来，英国人托马斯·斯通（Thomas Stone）和詹姆斯·亨德森（James Henderson）于1804年提出并获得了一项缝纫机专利，不过该专利从来没有投入过生产，后来美国人斯科特·邓肯（Scott Duncan）提出的所谓“绣花机”也是如此，最终都以失败告终。直到1830年，巴黎的裁缝巴特勒米·迪莫尼耶（Barthelemy Thimonnier）制造出了一个带有特殊钩针的木制缝纫机。迪莫尼耶收到了一个生产军服的订单后，便建立了一个拥有80台缝纫机的工厂。但是，巴黎的其他裁缝却觉得受到了威胁，竟两次将其工厂缝纫机毁坏。这就是法国版的卢德运动。那80台缝纫机和那间工厂，除了这件轶事之外，什么都没有留下。迪蒙尼耶最后死于贫困。

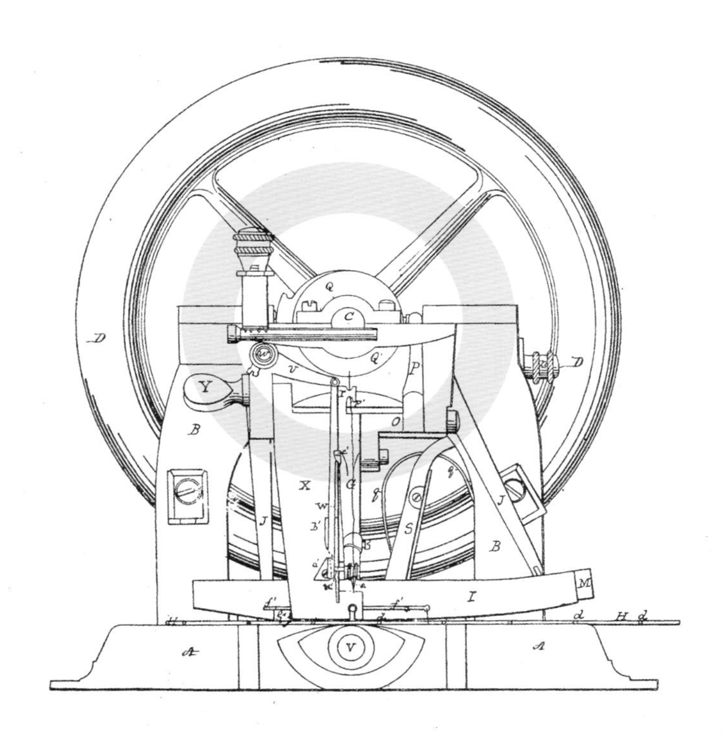

伊莱亚斯·豪的缝纫机，专利号4750

现代缝纫机的诞生应归功于美国人伊莱亚斯·豪（Elias Howe），他于1846年9月10日申请并注册了专利。4年后，出生于纽约州皮茨敦的列察克·梅里特·胜家（Isaac Merrit Singer）制造了第一台缝纫机的原型，其水平臂与工作台平行，在其末端有一个起支撑作用的带针金属条。这就是缝纫机工业的开端。

在意大利，对于缝纫机主导地位的竞争，相对于世界范围来说是比较晚的。竞争主要发生在都灵的索伯拉公司（Sobrero）和米兰的斯图奇公司（Stucci）之间。关于缝纫机有这样一个奇闻，1892年，来自米兰的加埃塔诺·卡萨尼（Gaetano Caspani）在美国申请了“缝纫机电机”的专利，这是一种可以储蓄能量的

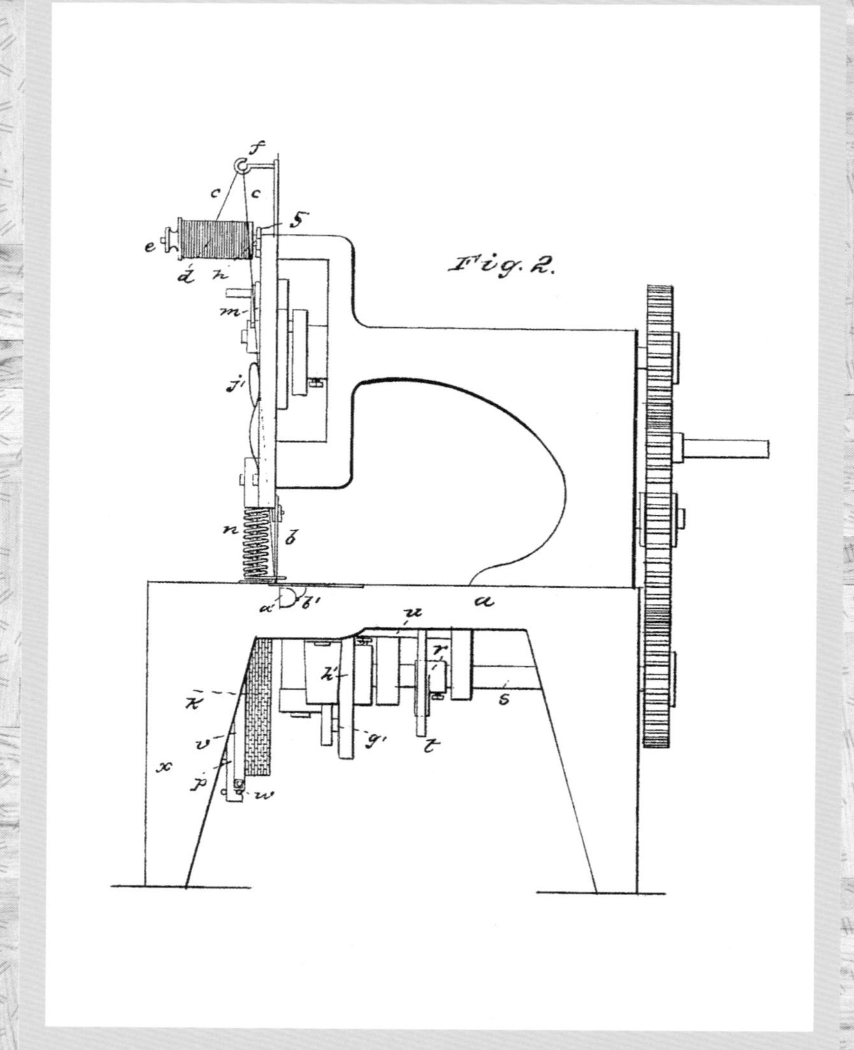

1851年8月12日，列察克·梅里特·胜家的专利，专利号8294

系统，可以用脚踏板控制机器并调节速度。这是缝纫机电力现代化的第一步，因为在那之前的缝纫机都是由弹簧驱动的。蓄能器可以通过踏板调节速度，从而控制机器。然而，居住在米兰威尼斯大道的这位机械师卡萨尼却鲜为人知，即使1880年4月23日《意大利王国官方公报》（*Gazzetta Ufficiale del Regno d' Italia*）在“工业产权部分”中报道过他，同时附有他的一项发明说明——公共客车时间控制器，简而言之，就是出租车计程器。

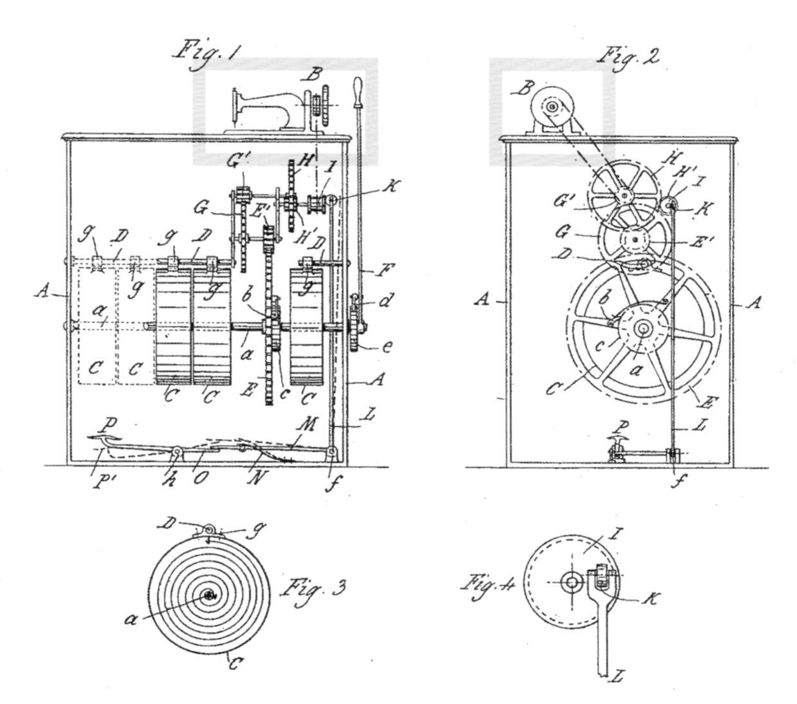

加埃塔诺·卡萨尼的专利“缝纫机马达”

从这个角度看，我们可以认为在德国、英国或者意大利，缝纫机是第一个出现的家用工业技术物品。此外，缝纫机对社会的影响也是不可忽略的（不过有时也是滑稽的），它改变了社

会，尤其是女性在社会中的角色。甘地（Mohandas Karamchand Gandhi）将其定义为“为数不多的有用发明之一”。1853年的耶稣会报纸《天主教世界》（*Civiltà cattolica*）就对它进行了报道，并引起了人们极大的兴趣。

美国发明的缝纫机已开始在英国普及，它能以惊人的速度缝制好衣服，以及所有布制品，除了纽扣和扣眼。……手摇缝纫机在1 min内可打500个点，而加上踏板就能打上千个。通常情况下，需要20个裁缝才能完成的工作量，在同样的时间内，一个人加一台缝纫机就能完成。

下面的这篇报道还提到了缝纫机滑稽的一面。1866年，在声望很高的《科学与工业年刊》中，一篇题为《缝纫机对工人健康和道德的影响》的文章就足以令人发笑。

吉布博士很关心这个问题，他在一份备忘录中向巴黎医学会作了介绍。介绍中，他展示了长时间操作缝纫机是如何对工人产生有害影响的。众所周知，缝纫机是通过两个踏板运作的，下半身腿部的升降运动，使身体前后不断地摆动，从而给脚踏板提供动力。也就是说，由于缝纫机所具有的不同结构，两腿产生了有规律的振动。这些频率的刺激和工作的疲劳将导致工人白带异常、消化不良、身体消瘦和虚脱。当作者谈及这次调查的时候，他表示其实之前从来没有想过这会造成工人的精神损失。韦尔诺瓦博士回顾说，蒂博也观察到了与吉布的报告相似的情况。但是，他认为大多数工人都不会受到吉布和蒂博报告中提到的影响，而且男性不会受到使用缝纫机的影响。

年过半百的妇女得到了“解放的工具”，因为缝纫机让她们能够在家中从事可以带来收入的工作，所以在过去的40年中，缝纫机成为了20世纪后期解放妇女的工具。

为了促进有利于妇女的社会发展，提高生产活动，2004年9月至2006年7月，意大利泛大陆基金会（Pangea Onlus）在阿富汗首都喀布尔的郊区资助开设了3个由他们管理的 “妇女中心”，为383名阿富汗妇女提供基础教育、普法教育、卫生教育和职业培训，并在之后开了几家微小企业。缝纫机是这里的主角，它是一种解放工具，可以改变喀布尔妇女的生活，使她们能够胜任裁缝的工作，从而为维持家庭生计作出贡献。

尽管如此，缝纫机在19世纪末期还是现代化的象征。奎多·曼佐尼（Guido Mazzoni）（1859—1943年）是焦苏埃·卡尔杜齐（Giosuè Carducci）的学生，帕多瓦大学的意大利文学教授，佛罗伦萨秕糠学会的会长，他在1896年的《生命之音》诗集中为缝纫机献上了一首抒情诗。

缝纫机

为什么你不发光?
也不掩藏?
你在粗布上，
锋利的针芒。
你几乎从不停下，
你是多么的勤劳。
……

那一抔抔黄土，
仍保留着，
对逝去的祖母，
甜蜜的回忆。
在你身前，
年轻的女孩，
干起活来。

折边、缝口，
是白色的奇迹，
敏捷的工匠，
也对你赞不绝口。
若那机针舞动起来，
整间屋子，
都将多么欢喜啊！

欢声笑语里，
飞似地传动着，
这儿，那儿，
梭心来回穿梭着。
那急促的机针，
刺下的每一针，
都掷地有声。

缝纫机是每个裁缝工作时必不可少的工作伙伴，它是那个时代人们崇拜的对象，通常被摆放在显眼的客厅里。卡洛·埃米利奥·卡达（Carlo Emilio Gadda）的电影《布罗基家的圣乔治》讲述了缝纫机是如何启发了“卡杜奇最喜欢的门徒”的。可以说，绝大部分人都知道缝纫机是如何工作的、缝纫机的梭心是什么、缝纫机是如何穿针的。不过在用进废退的今天，这个设备已经成为了旧时代的一种缩影。内奇（Necchi）、博莱蒂（Borletti）、维戈雷利（Vigorelli）等品牌早在20世纪30年代就已经成为意大利工业早期成功的标志。1930年，在帕维亚的一家股份有限公司——维托里奥·内奇（Vittorio Necchi）的广告海报上，可以看到意大利重量级拳击冠军普里莫·卡纳拉（Primo Carnera）费劲地拿着一台缝纫机。这张海报夸张了事实，并且还在上面写着：“只有内奇缝纫机才能抵抗我的力量！”此后，其他品牌的缝纫机也开始与体育结合起来进行宣传。由于森皮奥内自行车赛车场于1928年被拆除了，所以当时要举办的自行车比赛就必须转移到其他地方，于是在1935年，人们建立了维戈雷利自行车赛车场。在古老的森皮奥内赛场附近建造一个新赛场的想法，是曼吉亚加里公司（Mangiagalli）理事会的议员，即企业家朱塞佩·维戈雷利（Giuseppe Vigorelli）提出

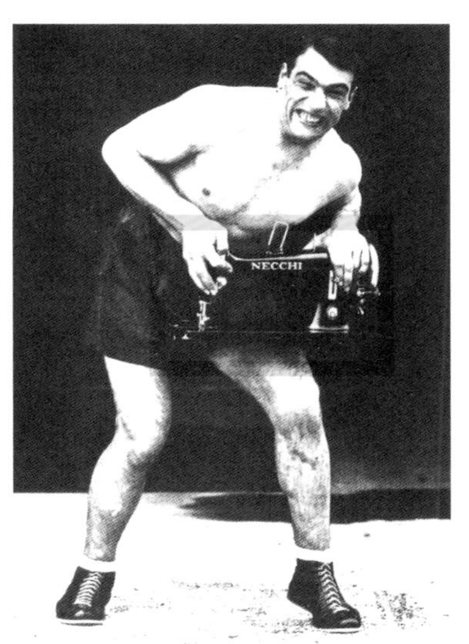

20世纪30年代的一则广告上，普里莫·卡纳拉与一台内奇牌缝纫机的“竞争”

来的。维戈雷利同时也是一位年轻的运动员。此后，维戈雷利自行车赛车场也成为了短跑、自行车追逐赛、橄榄球赛、赛马及大型拳击比赛的场地，而拳击比赛的拳击场就设在草坪的中央。1955年5月29日，第三届维戈雷利大奖赛的广告发布了。该次大奖赛是由佩达雷·斯佩资诺（Pedale Spezzino）组织，并得到了博洛尼亚体育场赞助，且受到意大利国家奥委会的保护。在广告的图片上，一群人正跑步穿过维戈雷利牌缝纫机的机头。

在20世纪50—60年代，特别是意大利经济复苏期间，无论是之前的报纸，还是之后的电视广告节目，都在努力去吸引并打动每个家庭购买新产品。如：

拥有一台博莱蒂（Borletti）缝纫机真幸福！

您可以选择自己喜欢的方式付款，然后就能将这款宝石般珍贵的缝纫机带回家！

博莱蒂公司成立时间悠久，在经历了半个多世纪的高精密机械制造后，如今我们非常荣幸和自豪能为家庭中的女性朋友带来一个机会，让您能立刻拥有一个完美的工作帮手——博莱蒂缝纫机。

价格不是问题！

博莱蒂缝纫机各种型号的价格都在每个家庭的承受范围之内，付款方式多样，可以依据您的具体情况和要求选择最佳的付款方式。

这真是一个天大的机会！赶快抓紧吧！

此外，我们还将为您提供长达25年的保修期！

还比如：

胜家（Singer）牌的缝纫机，专为女士而生！

住在米兰布拉曼蒂诺路3号的比拉吉女士微笑着告诉我们："我今年75岁了，生活过得很有效率。胜家缝纫机一直是我忠实的伙伴，我用这台缝纫机为我的女儿做了从出生到婚礼的所有衣服和盛装，然后我又为我的孙女们做……"。她还自豪地向我们展示了她为孙女第一次圣礼时所做的带有蕾丝和刺绣的连衣裙。

其实某些情况下，实用的东西也可以做得很漂亮：简单来说，关键点就在于设计。众所周知，意大利的设计在世界范围内可谓独树一帜。1949年的维谢塔（Visetta）缝纫机就是由意大利设计师吉奥·庞蒂（Giò Ponti）设计的，而型号为1100/2的博莱蒂缝纫机是马克·扎努索（Marco Zanuso）的设计作品。扎努索还凭借着该款超级自动缝纫机，在1956年获得了意大利最高设计奖——金罗盘奖。次年，20世纪意大利建筑和城市规划最重要的人物之一——安杰罗·曼贾罗蒂（Angelo Mangiarotti）设计了赛龙捷44缝纫机（Salmoiraghi 44）。

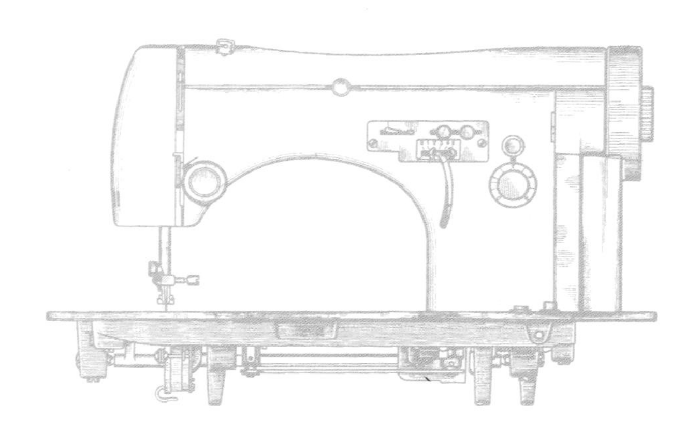

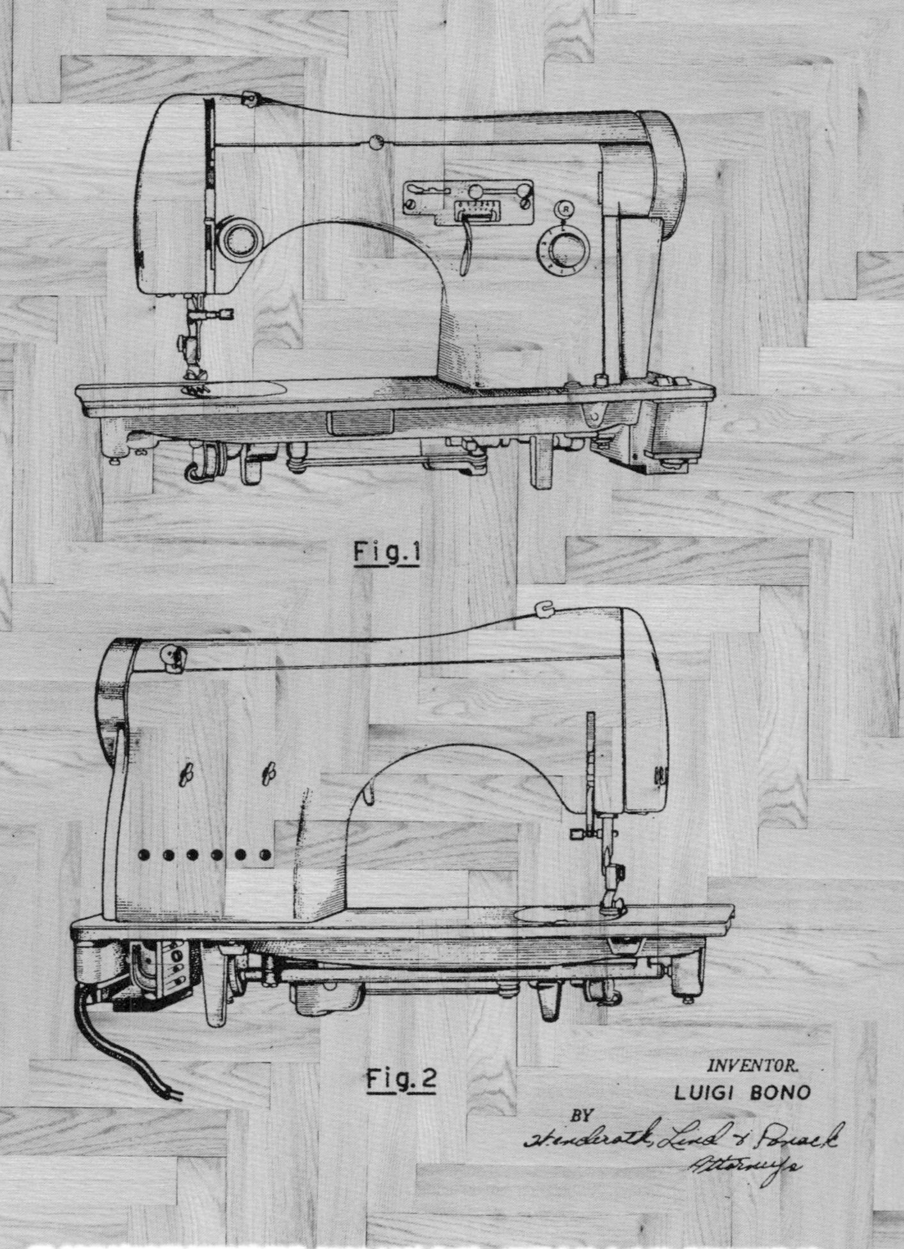

1954年8月17日编号为172819的专利，即后来的内奇牌“超新星”缝纫机

Fig.3

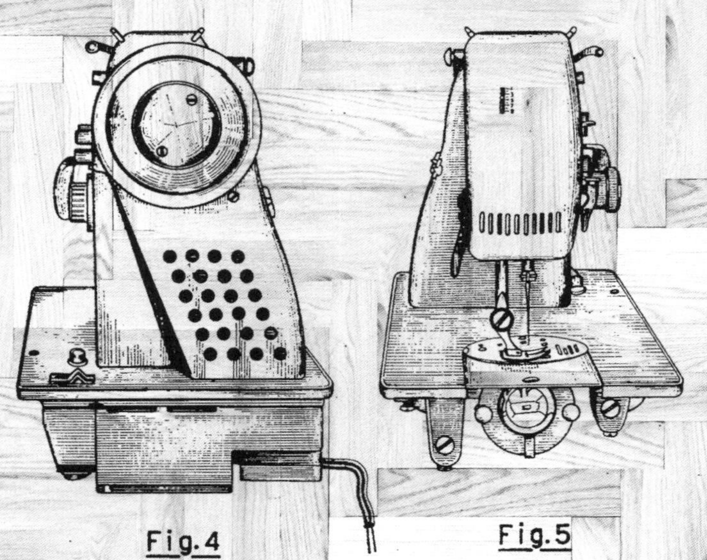

Fig.4

Fig.5

INVENTOR.
LUIGI BONO

BY
Hendroth, Lind & Ponack
Attorneys

“超新星”（SUPERNOVA）缝纫机诞生在内奇的工厂。这款缝纫机具有“机械记忆”，能够自动完成刺绣任务，而该功能是工程师路易吉·波诺（Luigi Bono）的专利成果。该款缝纫机是由马赛罗·尼佐利（Marcello Nizzoli）设计的，于1954年投入生产，并赢得了第一届意大利金罗盘奖。1955年，尼佐利又设计出了利迪亚（LIDIA）缝纫机。1956年，米雷拉（MIRELLA）缝纫机系列在审美上取得了里程碑式的成功，并且在纽约大都会现代艺术博物馆展出，同时收获了极高的赞誉。20世纪80年代初，由乔治·亚罗（Giorgetto Giugiaro）设计的内奇逻辑（LOGICA）系列正式面世，并且获得了成功。

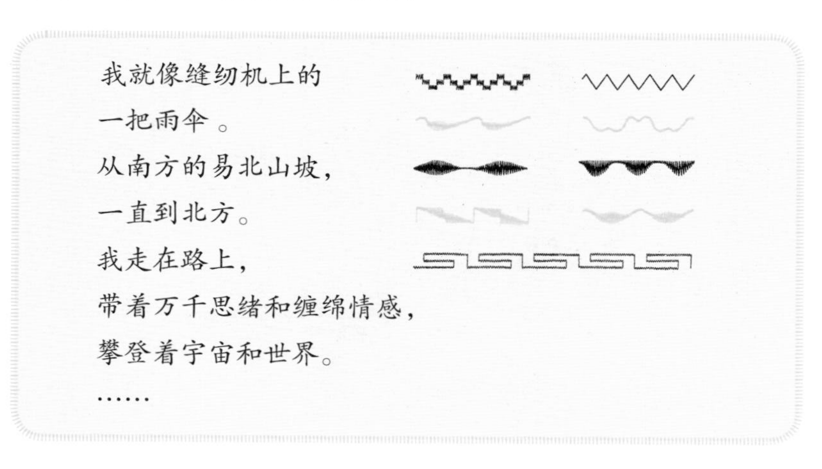

1995年，弗朗哥·巴蒂亚托（Franco Battiato）的一首《雨伞和缝纫机》，就像是一首对缝纫机的赞扬曲，而它却曾被我们视为家中的特洛伊木马。在这首抒情曲中，我们能够看到哲学家马里奥·斯加兰布罗（Mario Sgalambro）的影子，其中引用了马塞尔·杜尚（Marcel Duchamp）现成的作品，也有对洛特雷阿蒙（Lautréamont）的《恶魔之歌》（*Canti di Maldoror*）中著名诗段的回应。

在1920年，著名的摄影家曼雷（Man Ray）也用他出色的摄影技术“颂扬”了缝纫机，这张照片名为“谜”（*The Enigma*），是一台用布包裹着，并用绳子捆起来的缝纫机。

曼雷摄影作品：《伊西多尔·杜卡斯之谜》（*The Enigma of Isidore Ducasse*）

第四章
浴 室

水箱

抽水马桶的水箱通常高高挂在墙上，又或者直接安装在马桶后面，其中隐藏着既巧妙又古老的水流调节系统。要调节水箱内的水位，最重要的就是控制出水量，不过这便涉及一个重要的液压知识。早在公元前1世纪，亚历山大港的希罗（Erone）发表了很多重要的论著，其中就包括《气动力学》（*Pneumatika*）和《自动机械装置》（*Automata*），里面涉及了进水和排水的虹吸设备原理和浮体原理，而虹吸管和浮体也变成了那些精妙"精神"装置的秘密装置。"精神"装置的说法，与亚历山德罗·乔治·乌尔比诺（Alessandro Giorgi da Urbino）、乔瓦尼·巴蒂斯塔·阿莱奥蒂（Giovanni Battista Aleotti）和贝尔纳迪诺·巴尔迪（Bernardino Baldi）所称的一样（16世纪是"机械复兴"的世纪，翻译员要从古希腊语翻译过来）。

其主要的运作原理就是我们如今所称的"feedback（反馈）"，通过浮体来控制阀门，从而使得水箱内有水进入。当水位上升时，阀门会逐渐关闭并保持水位恒定，避免水溢出。而在这项巧妙的发明中，也隐藏着虹吸的秘密，水就是根据这个原理被抽掉的。其实自远古时代起，人们就发现天然喷泉断断续续流出水的现象，而在当时，许多人认为这是一个自然奇迹。

抽水马桶是由英国伊丽莎白一世时期的约翰·哈灵顿爵士（John Harington）发明的，他因翻译了英文版的《萨勒纳姆学校》（*The School of Salernum*）和《政府卫生》（*Regimen Sanitatis Salernitanum*）而闻名。他的家在英国凯尔斯顿的乡下

（在萨默塞特郡的巴斯市附近）。他在家中安装了第一个粗略的抽水马桶，并在1596年出版的政治讽刺寓言《旧论新说：关于埃阿斯的蜕变》（*New Discourse of a Stale Subject*, *called the Metamorphosis of Ajax*）中对其作了细致的描述。这个抽水马桶由一个储存水的水箱和一个座椅组成，座椅上有一个盖子，上面配有一个用于排水的螺丝装置。水箱上画了几条小鱼，这显然是一种诗意的点缀。其描述中还提到了不再需要清空便池，这个地方的空气也能和最好的房间一样“香甜”。此后，女王也能够在里士满宫（Richmond Place）体验到哈灵顿的这一发明成果，不过当时并没有得到女王的欣赏，因为她的仆人已经能够提供足够的卫生保障。这项发明也因此在之后的几个世纪都不为人知。

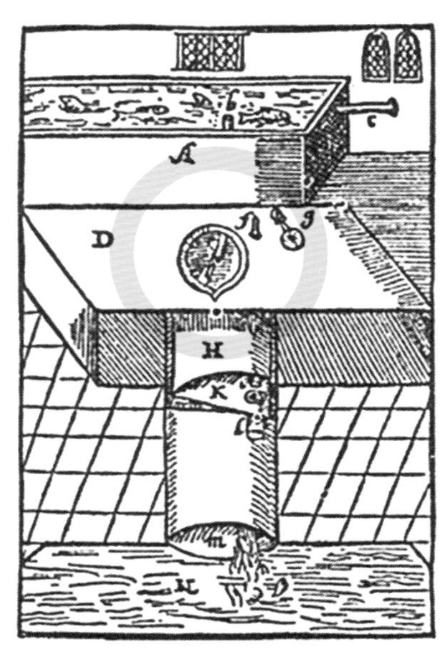

↗ 约翰·哈灵顿发明的第一个抽水马桶

一个完美的私人物品

A.蓄水池
B.小垫圈
C.排污管
D.座板
E.连接蓄水池的水管
F.螺丝
G.贝壳状的盖子
H.桶身
I.塞子
K.水流
L.旋钮
M.N. 排泄物落入带盖的粪池：记得每天中午和傍晚将其清理干净，再注满约15 cm深干净的水。这款马桶完美至极，操作简单，使用之后不留有任何异味。最后，这款马桶除了需要固定安装之外，别无缺点，绝对是最好用的马桶。
有了这样的优势，再加上它的造型和体积，把它安装在家里的任何位置，都不会污染家里干净清新的空气。

让我们说回到冲水设备上来。把钟罩（曾经是铁制成的，今天却比塑料还要轻得多）与简单的杠杆原理（阿基米德的古老发现）联系在一起，只要一上抬就能立即排空水箱：能立刻排空是因为剧烈震动能让水有效快速地流动，这也就是为什么人们曾经把水箱放在很高的地方，并由一条绳索拉动控制的原因。这种机械装置隐藏在巧妙的人工机械内部，也出现在了阿拉伯人加扎利的《机械艺术的理论和实践纲要》（*Compendio sulla teoria e sulla Pratica delle arti meccaniche*）中。加扎利是12世纪自动机械玩具的发明者，这些玩具揭示了现代力学原理。而在人们看来，他才是这些原理的创始人。

如今，由于对节约能源和水资源的关注，人们很快将全面使用双键抽水马桶，两个键分别为用于大解和小解而设置，以避免水资源浪费。很少有人注意到我们每天消耗的水资源中，有超过50%是用于冲马桶。带有粉碎功能的马桶，水箱的技术含量更高，即使在没有斜坡的地方也可以使用。但是，这就涉及一个过于复杂的领域，例如在飞机或火车中，由于机舱的增压而需要使用真空泵系统来冲马桶。

要想更好地理解在极端条件下所遇到的困难，只需想想在潜艇全机械内部空间中可能发生的情况就可以了。潜艇中的抽水马桶及相关冲水设备，都必须在潜艇完全浸入水后才能运行。为了实现向外排放，上面设置了一个巧妙的系统，其中的杠杆、泵、液压从动系统和双止回阀系统，都确保了即使在海平面以下也能排放。1943年，帕斯夸莱·贝拉迪（Pasquale Berardi）在其论著《现代潜艇》（*Sommergibili moderni*）中，向利沃尔诺军事学院的学员们详细说明了这种装置。

1945年4月14日，即第二次世界大战结束的前几周，发生了一件奇怪而又不太光彩的事情，从这件事情中人们意识到了该排

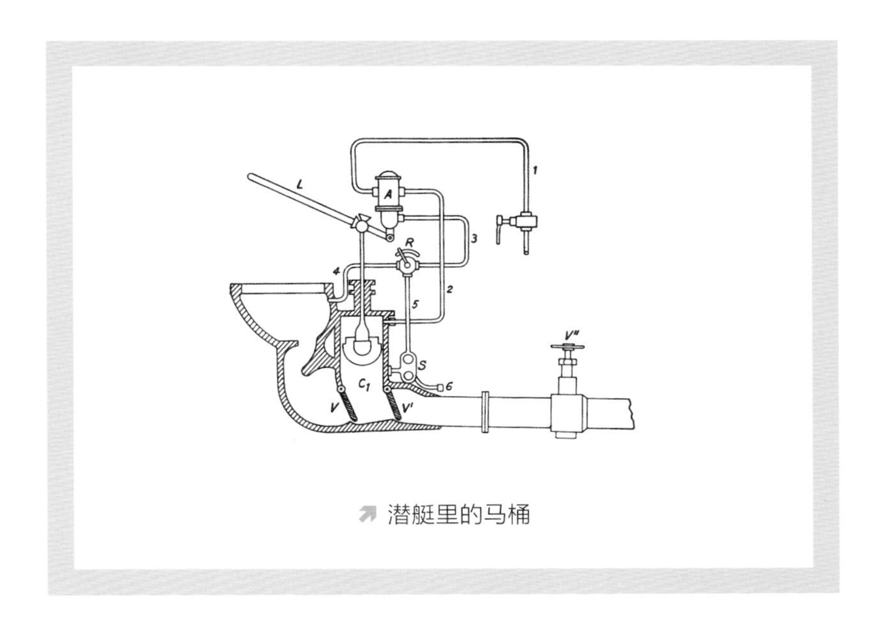

潜艇里的马桶

放系统有多重要。当时，德国U-1206潜艇因从苏格兰西北部的克鲁登湾浮出水面，而遭到了英国皇家空军飞机的袭击。指挥官卡尔·阿道夫·施利特（Karl-Adolf Schlitt）因此被迫命令潜艇自行沉没。到目前为止，在战争中发生了非常多的类似新闻。那么，潜水艇为什么要浮出水面呢？其原因正是马桶系统出现了故障，在使用马桶时出现了错误的操作。

因为排放的操作非常复杂，所以机组人员对此有专门的培训。几乎可以肯定的是，当时正是因为指挥官不想得到下属的任何帮助，所以他试图自行操作：打开阀门、操作操纵杆、关闭阀门、对操纵杆进行新动作等。但是显然他没有成功，最后导致大量的水流进厕所，以致海水浸湿了电池，释放出蒸汽，迫使潜水艇采取了可能致命的行动，即上浮。

如今，潜水艇配备了化学性马桶，和飞机及火车一样，该类马桶还配备有真空泵系统，该系统可以将污水转移到另一个储罐之中。

HOOVER
HOOVER
Compact

吸尘器

灰尘一直是家庭卫生的破坏者，人们一直在努力地清扫灰尘。随着时间的推移，出现了越来越多巧妙的解决方案。从游牧人的帐篷到维多利亚时代的房屋，出现了最好的“除尘器”——地毯，然后在专门用于拍打地毯的藤拍的帮助下，就能将地毯上的灰尘“清空”。我们对于这项操作是十分熟悉的——想想那令人讨厌的春季大扫除吧！

后来，人们开始设计真正的吸尘机器来代替地毯的除尘作用。通过移动连杆和手柄使机器运动。不同于向吸筒提供空气的鼓风机，风箱具有反向作用（即吸力）以确保灰尘不会再次回到循环中。

美国艾奥瓦州的丹尼尔·赫斯（Daniel Hess）发明了最早的“carpet sweeper”，即地毯清扫器。赫斯在1860年获得了一项配有旋转刷头和小风箱装置的专利。9年后，芝加哥艾夫斯·麦加菲（Ives W. McGaffey）发明了一款名为“旋风”的吸尘器（Whirlwind）。这款吸尘器配备了手动抽风机，其最后一个版本标志了美国地毯清洁公司（American Carpet Cleaning）的诞生。该公司是第一家家用地毯清洁公司。随后又出现了许多新发明，如气动地毯翻新机——这也许是第一台由汽油发动机驱动的真空吸尘器，密苏里州圣路易斯的约翰·瑟曼（John S. Thurman）获得了该专利权，且该产品投入了生产。当然，这并非一个“家居用品”，而是提供给清洁公司使用的，清洁公司以此收取每次4

美元的家庭服务费，这在当时并不便宜。

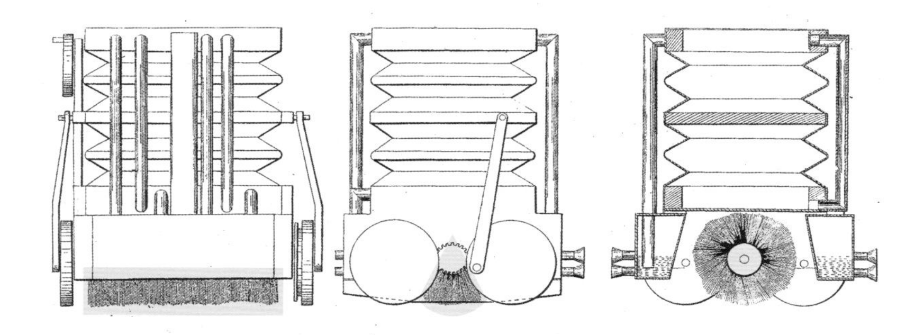

丹尼尔·赫斯发明的地毯清洁器（专利号：29077）

一段时间后，家用的气动吸尘器也投放到了市场，该系统由房屋墙壁内的管道网络组成，并与放置在地下室中的电动吸尘器相关联。人们只需打开吸尘器的吸口，然后把刷子与吸尘管连接起来即可使用。在通用电气公司20世纪早期的广告电影《家庭电气科学》中可以看到对这款吸尘器的身影。

另一台电动吸尘器是英国的休伯特·塞西尔·布斯（Hubert Cecil Booth）发明的，该吸尘器于1901年在伦敦的帝国音乐厅公开展示。

布斯的吸尘器很重要，因为他第一次使用了“vacuum cleaner”这一表述（即“真空吸尘器”），这种表述至少在说英语的国家中成为了吸尘器的代名词。但是，布斯的这一发明仅限于安装在英国真空吸尘器公司（BVCC）的机动车辆上，而第一台家用便携式吸尘器是由英国伯明翰的企业家沃尔特·格里菲思（Walter Griffiths）于1905年发明和生产的。次年，詹姆斯·B.柯比（James B. Kirby）发明了配有水分离器的吸尘器，用水来分离污垢。这一发明标志着家用“旋风”除尘器的诞生。

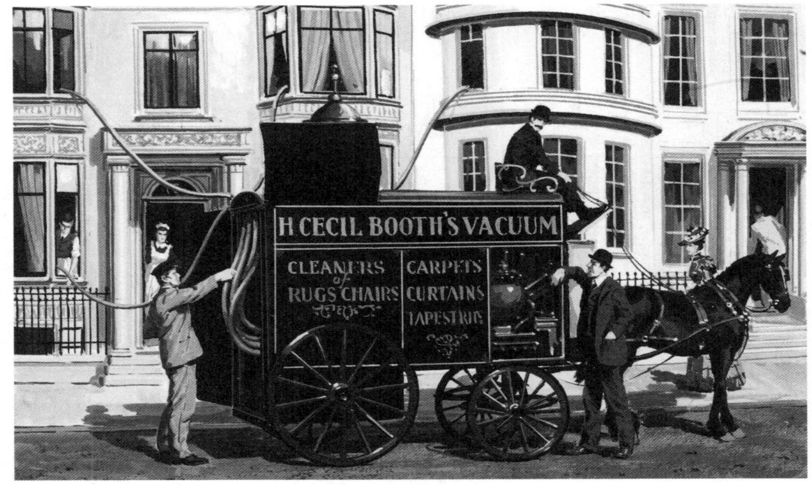

休伯特·塞西尔·布斯发明的真空吸尘器

然而，在1908年，胡佛股份有限公司的诞生才是吸尘器悠久历史上最重要的一座里程碑。1907年，美国俄亥俄州坎顿市的詹姆斯·默里·斯潘格勒（James Murray Spangler）发明了一种新概念的电动吸尘器，但由于缺乏资金，他将专利出售给了威廉·亨利·胡佛（William Henry Hoover）。胡佛立即开始生产“O”型真空吸尘器，售价为每台60美元。1920年，第一个吸尘器过滤袋也出现了。从那以后，不仅在许多英语国家，而且在其他许多国家，胡佛（Hoover）成为了吸尘器的代名词。

同时，人们在大荧幕上也能够看到吸尘器的影子，无论是由杰瑞·刘易斯（Jerry Lewis）领衔主演的《乘龙快婿》，还是后来由罗宾·威廉姆斯（Robin Williams）执导的《杜伯菲尔夫人》，吸尘器都在其中占据非常重要的角色。而且不仅是电影，就连音乐视频（MV）中也能看到它的身影，如皇后乐队的主唱佛莱迪·摩克瑞（Freddie Mercury）在其MV中，就是手拿一个吸

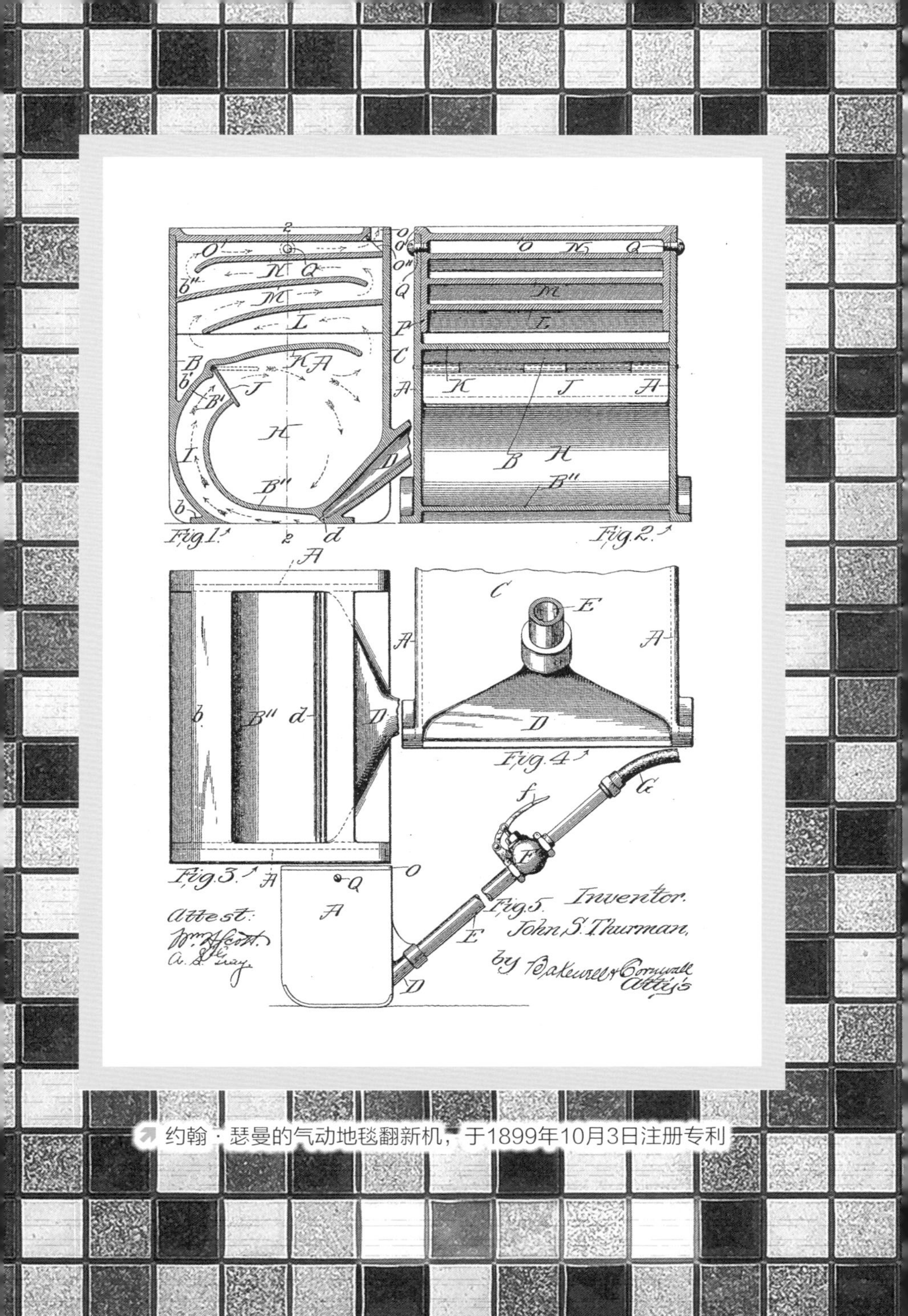

约翰·瑟曼的气动地毯翻新机，于1899年10月3日注册专利

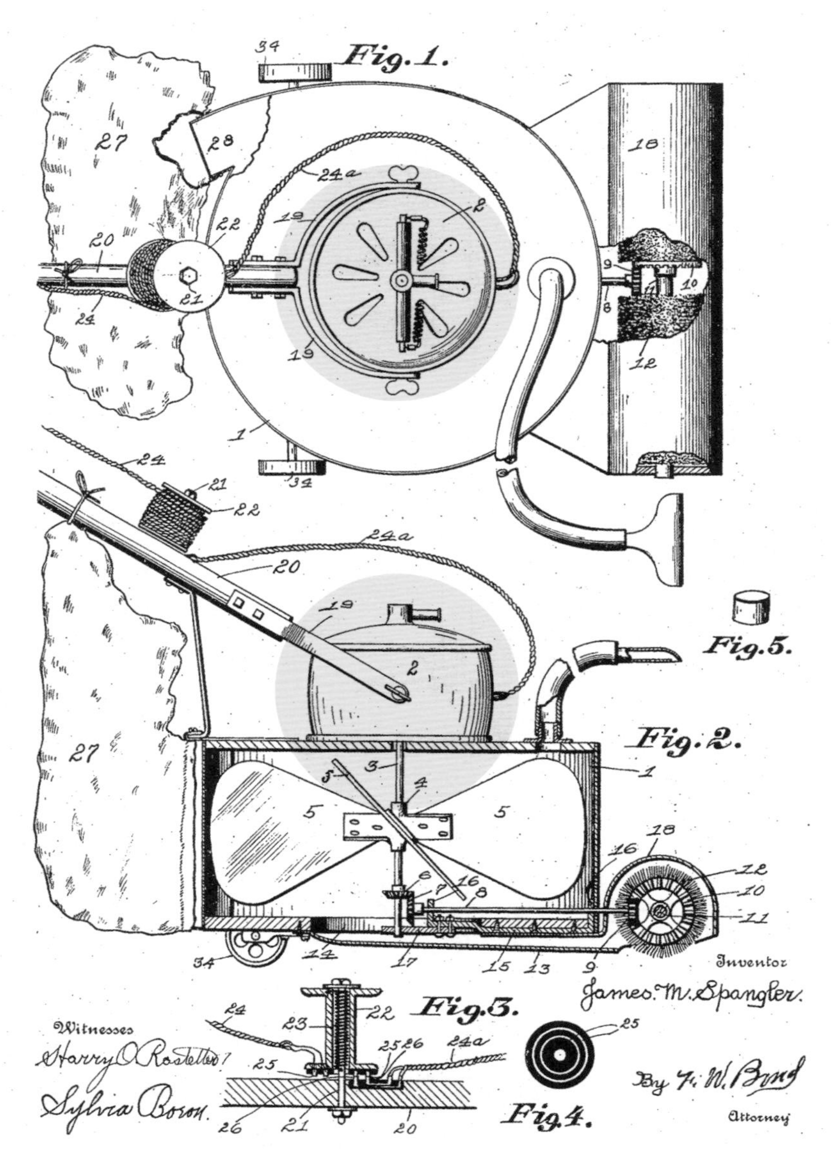

1907年，詹姆斯·默里·斯潘格勒出售给威廉·亨利·胡佛的专利

尘器，身着粉红色上衣，伴随着沙沙的音乐声，演唱着“*I want to break free*”。

那么，将这一奇特的装置用于激发孩子的想象力，又有何不可呢？所以，奎多·瓜左（Guido Quarzo）创作了一首名为《骆驼吸尘器》（*Cammello Aspirapolvere*）的童谣。

骆驼吸尘器，
是悲伤又孤独的野兽，
他努力区分出，
弥散在空气中的沙粒和尘土。
对他来说，
沙丘就像牢房一样，
这边是沙粒，那边又是尘土，
分也分不清。
他的使命让他自我怀疑，
让他感到不确定，
因为他不明白，
如此辛勤地工作是为了什么。
骆驼吸尘器，
是悲伤又孤独的野兽，
他无法分辨，
混在空气中的沙粒和尘土。
他在困惑和孤独中，
结束了这美好的时刻，
他逆着风，和沙粒一起，
在风中起舞。

不仅仅有“骆驼”，匹兹堡的安妮·玛格丽特·扎列斯基（Anne Margaret Zaleski）发明的“玩具狗和吸尘器的组合”在1973年11月13日获得了美国专利局颁发的专利，编号为3.771.192。这是一个伪装成了毛绒狗的吸尘器。有谁曾产生过与这位发明家一样的想法呢？又有谁能想到宠物狗也能成为高效的家政人员呢？

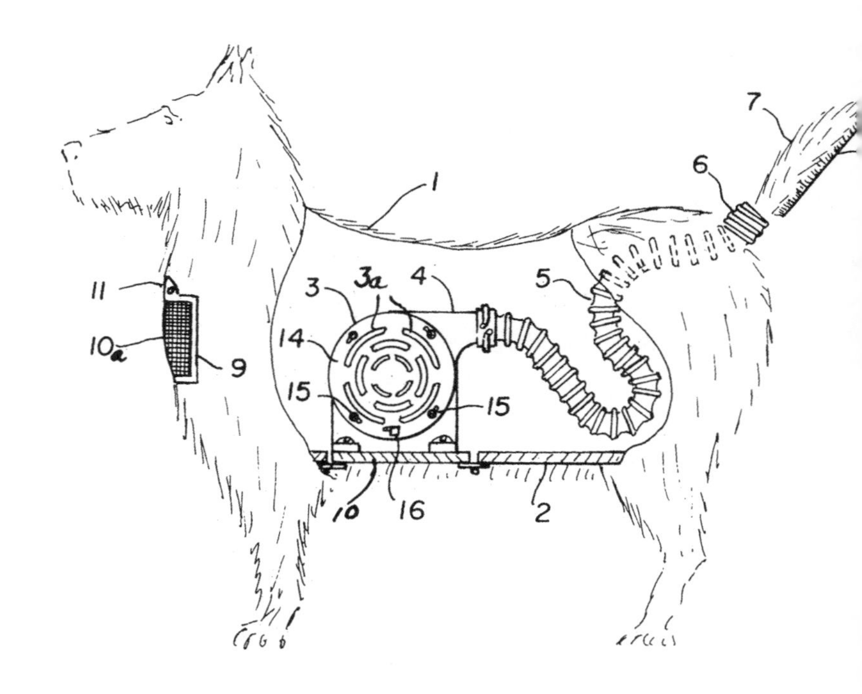

注册于1973年11月13日专利号为3.771.192的宠物狗形状吸尘器

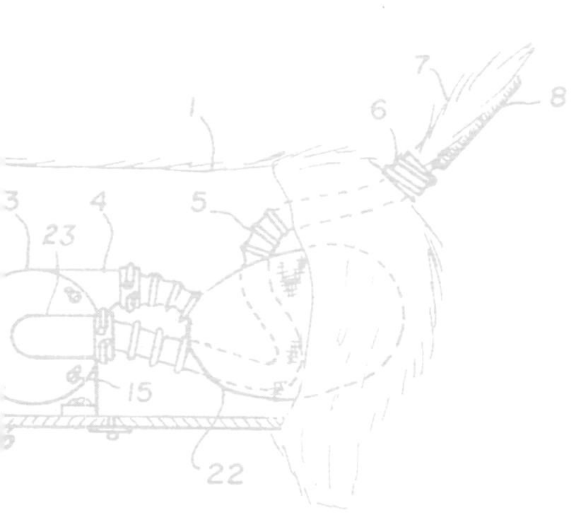
1
3
4
5
6
7
8
23
15
22

SMEG

SUNNYLAND
BUSY BEE
W
A
S

洗衣机

《精灵鼠小弟》（*Stuart Little*）中的小老鼠斯图尔特，被一只邪恶善妒的家猫困在洗衣机里。人们想起它的这段冒险经历，都会不由得发笑。现在，洗衣机已经成为日常生活中不可或缺的家电，就像床和电视一样，而我们很少注意到它的存在，除非在我们粗心大意时，洗衣机里的水淹没了我们的浴室或厨房，我们才会注意到它。半个多世纪以来，洗衣机早已成为每个家庭必不可少的组成部分，即便自助洗衣店已有了逐渐将家用洗衣机“淘汰”的趋势。

家用电器一直对社会有着重大的影响，这是毫无疑问的。约翰·霍斯金斯（John Hoskins）爵士早在1677年就发明了一种在水柱下旋转的篮子，但肯定不能将之称为“洗衣机”。这台“洗衣机”的原型没有获得成功，所以洗衣女工们只有继续辛勤地劳动。

第一个已知的洗衣机专利可以追溯到1809年1月12日，由S. Tucker签署。后来，1859年，哈里森·史密斯（Harrison Smith）申请了一项能做交替运动的旋转筒专利，他在美国专利局也申请了许多其他的发明专利。1860年，出现了一台具有现代洗衣机特征雏形的机器。

托马斯·布拉德福德（Thomas Bradford）是一个发明家，1850年，在曼彻斯特索尔福德他开了一家名为“托马斯·布拉福德新月铁厂”的公司（Thomas Bradford & Co. of Crescent Iron

Works），并很快扩展到了伦敦高霍尔本。他设计并制造出了一种可以旋转的八角形木篮，里面装有肥皂和水。他虽然没有参加1851年著名的大展览，但在1862年举办了自己的展览会。在展览会的目录上，第八类别编号为1804的是“布拉德福德、托马斯、曼彻斯特、伦敦舰队街，洗涤、拧干、烘干、清洁干燥机械橱柜”。

无论是洗衣店里的洗衣机，还是家用洗衣机或者干衣机，都有很多相关的专利。其中“最有用的家用机器四号”，卖到了12磅12先令的价格。洗衣机也有用于酒店的，这些公共场所使用的型号由液压或蒸汽引擎提供动力。那时，电力尚未兴起，最引人注目的是由篮子的运动提供机械动力，称为“偏心蚀”系列（“EE”或“eccentric eclipse”系列）的机器：从最便宜和最小尺寸开始，有“闺房（boudoir）”“幼儿园（nursery）”“村舍（cottager）”“家庭（family）”和“承包商（contractor）”几

托马斯·布拉德福德发明的洗衣机

种款式，价格从1磅10先令起。尽管到19世纪末，为了减轻妇女的家务劳动负担，有近50项新专利获得申请，但洗衣机的发展速度仍然很慢，因为当时的洗衣机几乎是木制的。

直到1906年，阿尔瓦·费舍尔（Alva Fisher）才制造出了第一台电动洗衣机的原型，2年后投入生产。电动洗衣机的发展，尤其是其在市场上的投入，是很缓慢的。1930年，出现了把洗衣桶安在一个金属容器内的想法。1937年，本迪克斯公司（Bendix Corporation）销售的第一台全自动洗衣机在路易斯安那州的工业产品展览会上向公众展出。尽管在1915年通用电气公司制作的广告视频中（我们在上一章提到过的《家庭电气科学》），出现了许多电动家用洗衣机，但通用电气公司的第一台自动洗衣机是直到1947年才上市销售，而到了20世纪50年代中期才进入英国市场，且价格不菲。由于难以保证洗衣机后挡板的密封性，所以要在高处插电，几乎所有洗衣机都配有一个能甩干湿衣服的滚轮熨衣机系统。在20世纪50年代，以生产自动点唱机闻名的美国狮堡公司（Seeburg）引入了电动机械计时器来控制洗涤各个阶段的时间。这才是洗衣机真正成功的开始。

20世纪60年代初期，在美国，洗衣机已成为了一种具有象征意义的物品。贝蒂·弗里丹（Betty Friedan）在1963年发表的论文《女性的奥秘》（*The Feminine Mystique*）开启了美国女性主义的第二阶段。为了能够实现“每周换两次床单，而不是换一次”的伟大理想，曾经沮丧劳累的家庭主妇，如今的超级家庭主妇，她们面带微笑，容光焕发地走进了那配备了各种电器的干净房子。

很快，新思想横渡了大西洋，到了欧洲，尤其是在法国，洗衣机成为了妇女解放的技术标志，善恶之争已经逐渐回到黑白之争上面。同样加入了这场“革命运动”的是拉登（Laden）公司于

1959年生产的“芭贝特（Babette）”，这是一台小型洗衣机，能够将水加热到90℃。

从重建时期到经济复苏时期，包括意大利在内，洗衣机是真正把妇女从繁重的家庭劳动中解放出来的机器，同时它也改变了工业的面貌。1947年，卡迪（Candy）每天能生产出一台洗衣机，意格尼斯（Ignis）有几十名工人，扎努西（Zanussi）有250名员工。在20世纪60年代中期，意大利有6个主要“白色”家电工厂，分别是扎努西、意格尼斯、卡迪、意黛喜（*Indesit*）、佐帕斯（*Zoppas*）和卡斯托尔（*Castor*）。很快，这个领域的主导权又被佐帕斯和扎努西所掌控。1968年，佐帕斯负债累累，扎努西则趁机获得了垄断地位。

因为扎努西所取得的成功，其工厂所在的波尔恰市（Porcia）[意大利波尔德诺内（Pordenone）附近]被誉为公司小镇。同时，电视广播事业在那些年的努力也得到了回应，意大利人的品位发生了改变。“雷克斯（Rex）有效的保证”和“他想把纳努斯（Naonis）给她”很快成为了每个人的口号。“*Rex*”是利诺·扎努西（Lino Zanussi）的父亲安东尼奥·扎努西（Antonio Zanussi）为其产品所取的名字。当时，*Rex*随着意大利最大的远洋客轮，抵达了亚得里亚海岸。“纳努斯”是扎努西旗下具有代表性的高端品牌，最重要的是它能与德国的美诺（Miele）和德国的AEG竞争，并且又与波尔德诺内这个地方

有着紧密的联系。1204年，这个名字在意大利阿奎莱亚的主教帕绍的《旅行日记》中首次被提到。“纳努斯（Naonis）”是一个神奇的名字，经常出现在拉丁语的碑文上。“Naonis”并不是“Naone”的所有格变位形式，它其实就是今天的诺切洛（Nonecello），是意大利一条河流的名字。但是在这个新的科技世界里，还是多以英语名称为主。

1965年，危机开始，并且不断恶化，一直持续到了1968年。悲剧就这样降临：1968年6月18日，利诺·扎努西和他最亲密的合作伙伴在西班牙圣塞巴斯蒂安的一次飞机失事中丧生。而那些电子技术方面的创新（那些用于减少振动的机械装置，尤其是喷射系统，是一种能大量节水的清洗装置）几乎没有多大用处，没能帮助公司避免被收购的命运。在20世纪80年代后期，伊莱克斯公司（Electrolux）入股扎努西，也挽救了整座城市的未来。

在数百种产品型号中，值得一提的是“阿米（AMIE）”，这是一种针对“特殊”用户的洗衣机，即老年人和部分视障人士。“阿米”具有3个指令大按钮，按钮配有3种不同的颜色，可以轻松识别。程序选择界面上的字母足够大，即使是有部分视力障碍的人也可以看清楚。1994年，这款洗衣机以“扎努西FL 1083”为名开始销售，是特殊人群家用电器领域的一个里程碑。不过，坦率地说，这款洗衣机其实很难在购物中心和电器商店中找到属于自己的位置。零售商们好像无法将这款属于残障人士的洗衣机放在最先进的洗衣机旁进行售卖，所以无论是大众视野还是网络之中，它都鲜为人知，并且几乎没有专门针对英语国家用户使用的设备说明书。

不过，如今更具革新性的是通过狗吠声（当然是训练有素的狗的叫声）启动的美诺牌洗衣机。该项目是英国宠物慈善机构（“SupportDogs”）计划的一部分，也为家用电器打开了新的篇章。

在这个不断追求创新的社会中，并非一切都局限在生产和销售新机器上。20世纪60年代，与洗衣机行业并行的，是专为洗衣机而生的洗涤剂。1957年，罗兰·巴特（Roland Barthes）在《神话》一书中写道："1954年9月，巴黎举行的第一届世界洗涤剂大会向世界颁发了奥妙洗涤剂授权书……多年来，这些洗涤剂产品广告一直占据着广告市场的主要席位，现在已成为法国人日常生活的一部分。这些广告会分析消费者的心理，所以消费者会不自觉地把自己的注意力转移到这上面来。"在意大利作家伊塔洛·卡尔维诺（Italo Calvino）的小说集《马可瓦多》（1963年出版）中，讲述了这样一个场景："每个人的邮箱里都有一张折好的蓝黄传单，传单上写着'毕安卡索（Biancasol）牌肥皂，是最好的肥皂'。凭这张蓝黄传单，可获得免费样品一份……每天早晨，邮箱里塞满了各色传单，就像春天盛开桃花的桃树一样，那绿色、粉色、天蓝色、橙色的传单上向人们承诺着，只要用了传单上所写品牌的洗涤剂，衣服保证洗得白白的。"

最后，在开始下一章之前，我们再回到洗衣机上来，我们只需记得，在各种诗意语录中，英国歌手凯特·布什（Kate Bush）出人意料地在她的歌曲《巴托洛兹夫人》（收录在2005年的专辑《天线》中）中这样唱道：

我拿来我的洗衣篮，
把所有亚麻衣物都放进去，
放进所有东西，直到填满。
我们的脏衣服，
我们的衬衫，
牛仔裤和一切的一切，
都放进那台新的洗衣机里。
洗衣机，
洗衣机，
……
搅动吧！翻滚吧！
把那脏衣服洗干净！
搅动吧！翻滚吧！
袖口和领口闪闪发光，
一切都干净美好，
洗衣机，
洗衣机，
洗衣机，
……

第五章 客厅

super
atlas

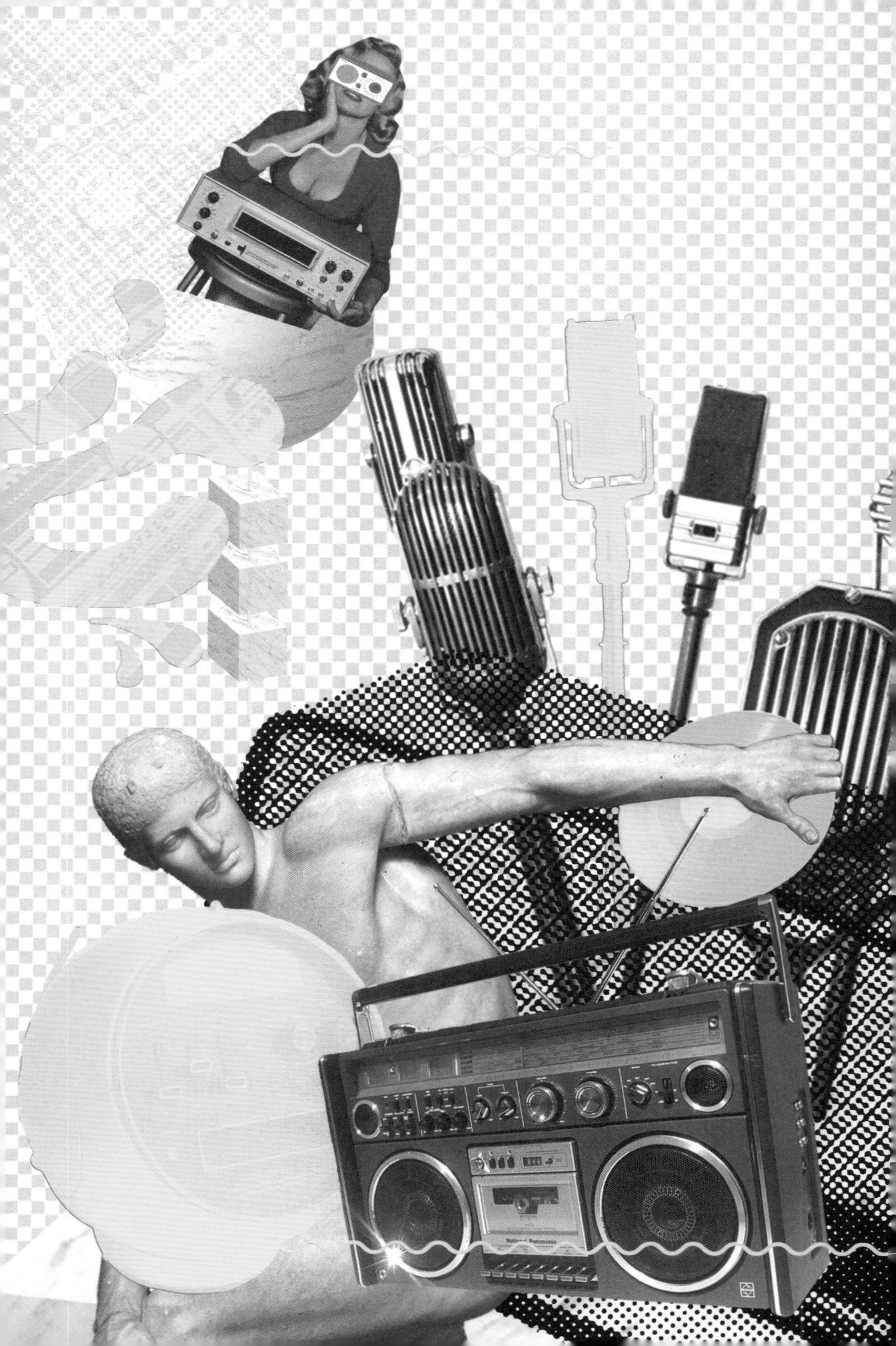
Panasonic

收音机

当现实融入了幻想。在我们的立体音响上，有一个黄色的指针用来调频。我看着表盘，逐一识别调到的频道。我转动着旋钮，指针沿着无线电地平线的方向转动，就像出租车会沿着主道来回通行一样。每个广播电台就像一个十字路口，周围住着不同种族和不同肤色的人，当写着“立体声”的红灯亮起时，我就在那里停留几分钟。在指示灯颜色转换之后，我驾车快速地通过。但有的时候，我会缓缓地调节着旋钮，好像一辆汽车的车轮，在一个频道和另一个频道之间，安静地前进着。之后，我突然越过了之前所熟悉的电台频率，它正播放着一首歌曲，虽然播放的这个版本很嘶哑，很低沉，不过音质听起来比之前听过的要好得多，就像在日食中看到了完整的光环一样。最后，我又像是走进了电台那肥沃的山谷中，远处的景色朦朦胧胧，回荡着立体声。

——选自尼古拉斯·贝克（Nicholson Baker）

《声音》（*Vox*）

很长时间以来，收音机一直是家庭中技术含量很高的物品之一。尼古拉斯·贝克笔下的收音机充满了想象力，它让人们的想象能够在电磁波中遨游。那些之前只能通过耳机听到的电波，在如今飞速发展下，它们与数据和图象、声音和情感结合，将电子商务，甚至是那些带有禁忌成分的节目都通过屏幕展现了出来。

收音机起源于迦利尔摩·马可尼（Guglielmo Marconi）发明

的无线电报，当时这项发明震惊了整个电信界。在这之前，尼古拉·特斯拉（Nikola Tesla）也有过类似的发明。只不过这两位天才发明家都没有想到，除了点对点通信之外，还存在无线电广播。实际上，无线电广播的功能本来是人们对电话功能的一种期许，当时人们希望找到一种方式将巴黎歌剧传播到法国的每个地区。不过，直到第一次世界大战后，人们才意识到无线电技术不应该局限于电报的发送。也是在那之后，无线电进入了真正的发展时期，无线电设备开始走进家庭中，成为了传播新闻、音乐、信息和娱乐的工具，同时也成为了商业和政治的宣传手段。

随着电子管和真空管的发明，电子技术取得了巨大的进步，真空管能够让传输和接收信号的设备变得更加高效和强大。然而，首先走进家庭的却是矿石收音机。

矿石收音机的电路由一个线圈和可变电容器组成，与地线和天线连接之后，再连接到晶体检测器上。晶体检测器就是简单的一块硫化铅（方铅矿），上面附有金属线。人们戴上耳机后就可以听见发射器所传递的中波信号。

听众在收音机前专心致志调频的画面是前沿技术创新的一个标志。很快，家用收音机配备了扩音器，一家人聚在收音机前听广播的情形时常出现，虽然当时还没有高保真扩音器。在那之前，人们用留声机听那些复刻在最初的硬橡胶唱片上的音乐。留声机中的金属唱针可以让一个像巨大金属花的扩音器的振膜颤动。

1925年1月18日，意大利广播联盟的官方机构节目《无线电时刻》（*Radiorario*）第一期播出了，人们能在意大利收听到意大利广播电台和欧洲广播电台的节目。这是科斯坦佐·西亚诺（Costanzo Ciano）部长的强烈意愿，也是意大利传媒时代的曙光。

早在1924年10月6日，玛丽亚·路易莎·邦康帕尼（Maria Luisa Boncompagni）在罗马人民广场附近的玛丽亚·克里斯蒂娜大街（Via Maria Cristina）上的一个房间内，宣读了第一批意大利广播节目的官方声明。

那天晚上，邦康帕尼就在一间简朴的夹层公寓中宣读了这份声明，公寓的墙壁和天花板都覆上了厚厚的窗帘，以减轻噪音的影响。她宣布："意大利广播联盟，罗马广播电台一套，开幕音乐会开始！"随后，便播放了弗朗茨·约瑟夫·海顿（Franz Joseph Haydn）的弦乐四重奏《第七交响曲》。在这首交响曲结束后，又播放了几首其他的音乐，接着播送了天气预报、证券信息和新闻。一个半小时后，播音结束时，已经是晚上十点半了，"收音机的电子管需要休息了"。

以上是官方的播放版本。但在1997年，芭芭拉·史卡玛奇（Barbara Scaramucci）在佛罗伦萨的意大利广播电视台的档案中找到了一份原始文件，该文件让我们知道了第一位播音员的真实姓名。原始文件是："罗马广播电台…… 接下来是本次开幕音乐会的音乐家名单，其中还有伊利斯·维维亚尼·多纳雷利（Iris Viviani Donarelli），也就是我。"这个名字出现在了该文本之中，只是在最终播放的节目中被剪掉了。

多纳雷利是第一位女播音员，也是意大利广播联盟艺术总监的妻子。

通过《无线电时刻》，不仅可以了解到欧洲各个主要广播电台的频率，还能知道对应的播放时间表。一篇报社的社论中写道："成千上万的家庭、学校、剧院、酒店、饭店、俱乐部，还有各种社区，都会记住那些在其广告中插播的公司名字。如果说广告的有效性和读者的数量、广告的重复次数有关，那么人们就会被迫记下那些乏善可陈的广告语、座右铭或励志语录，如果说无线电的发烧

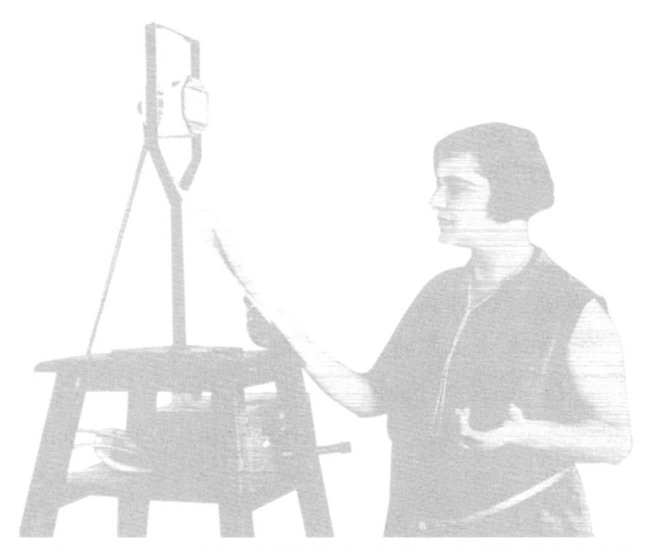

1924年10月6日，玛丽亚·路易莎·邦康帕尼宣读了第一批意大利广播节目的官方声明

友和业余爱好者真的都是美国最富裕的阶层，那么每位企业家和商人都应该去思考电台为他们打广告所提供的便利性。”

报纸和海报上还会继续刊登广告，并且主要是针对新技术的广告。骑士军官奥古斯托·萨尔瓦多里（Augusto Salvadori）在罗马的玛格纳纳波利广场（Largo Magnanapoli）举办了一个展览会，展出了市面上最好的无线电产品，其中有米兰多利奥电话工业公司生产的产品，也有罗马无线电公司（SIRAC）生产的产品，包括由意大利通信部批准的带有晶体和离子电子管的无线电话设备。

同样，在《无线电时刻》上开始出现技术类文章，如工程师科拉多·图蒂诺（Corrado Tutino）就有一篇关于罗马广播电台的文章，文中详细描述了马可尼（Marconi）电磁麦克风。

关于那些年代的记忆，在许多文献中可以查到。

我调动自己的手表，回家，衣柜上那面大镜子摇晃着，发出吱吱嘎嘎的声音，也将她的衣服逐一映现出来。我想要给她一个惊喜，在早晚饭之前，或者在电唱机的歌声之中，那些夜曲用很小的声音进行着伴奏，让人不禁想起战前的露天舞厅，电影底片的片痕，或者中世纪的行会。

电唱机播放着音乐，而跟随着磁盘的旋转，上面的唱针发出嘶嘶声响，这种声音给我带来了极大的痛苦，就像是世界上的某个地方正在被烧毁，而在那里，歌剧《费加罗的婚礼》（*Le nozze di figaro*）、《女人皆如此》（*Cosi' fan tutte*）及《唐·乔望尼》（*Don Giovanni*），它们都在这个夜晚得以残存。

即使蒙特威尔第（Monteverdi）的音乐也只不过是一闪而过的音符，电唱机上那个可怕的小小唱针操控着一切，不过即便在这种情况下，我还是能区分出斯卡拉蒂（Scarlatti）和奇马罗萨（Cimarosa）的乐曲，当然还有克里斯托夫（Christophe），以及天之骄子佩尔戈莱西（Pergolesi）。我可以说：我知道这些曲子，我能辨别出它们的名字。

备受喜欢的、遥不可及的《女佣作夫人》（*La Serva padrona*）给人们留下了深刻且久远的回忆，而现在它们却因阿拉伯人发疯似的抨击被遗忘和取代。而我要说的是，激动的心情，我没有，我真的没有。阿方索（*Alfonso*）的独唱就在成千上万贝督因人（Beduini）野蛮的呼喊声中毁灭了，谁知道他们该如何称颂他们的领袖呢。

——选自阿尔贝托·贝维拉瓜（Alberto Bevilacqua）
《猫眼》（*L'occhio del gatto*）

新闻专栏也时常会报道一些关于新技术发生危险的消息。一个年轻人触电身亡，消息一出就立即染上了沉重的色彩。这则消息刊登在1930年1月5日的《无线邮报》（Radio Corriere）*EIAR*的第49页，标题为《一个悲惨的米兰人——奥林多·达蒂洛的死亡真相》。这件事的事实是：1929年11月29日，卡萨蒂伯爵夫人的女仆在听见一阵叫喊声后，发现了被电击中的达蒂洛，可以肯定的是，这名年轻人当时正准备使用收音机，并且已经连接好了天线和地线，晶体管尚待安装。他被发现时正躺在地上，手边还有两根被丢弃的线。

于是，关于收音机是很危险的流言被到处传说，新闻报道也是与之附和。这篇文章准确地刊登出了这个房间的草图，并且从那里可以俯瞰蒙特拿破仑大街，其中也非常详细地报告了死者与两根“线”的位置，其中一个连接到散热器，另一个连接到电灯的双极插座，旁边是放收音机的桌子。那么为什么需要暖气片呢？我们应该知道，当时的收音机，特别是矿石收音机，需要连接地线和天线：地线是把电线连接到水管或暖气片上，而天线是连接到双极插座的其中一个极上，该操作需要十分小心地串联一个电容器，否则可能会导致放电，从而产生致命的危险。再回到刚刚那篇文章上来，调查这宗案件的法官和律师考罗（Coiro）委托米兰理工大学的工程师康博尼（Comboni）撰写了技术报告，报告中一部分内容从技术上分析了导致这名年轻人触电死亡的原因。

从事实中得出的逻辑推论可以确定……

首先，达蒂洛将接地线的一端连接到散热器的下管，并把这根裸露的铜线的另一端留在了地毯上。

其次，或许是因为对电气工程没有任何基本的概念，或者是自身出现了短暂的大脑短路，他把光电连接线的一端直接插入接线盒上的双极电源插座的一根套管中。应该注意的是，这个插座的两个衬套，一个位于另一个的垂直方向上，达蒂洛将插头插入了下方衬套。但是达蒂洛在插天线时，没有在天线和灯座之间插上光电容器，我们甚至没有在他身上找到这个装备。因此，他要么出于无知，不知道这个容器是必要的，要么是他没有考虑到缺少此电容器的后果，因此尝试直接插入设备。

再次，他将放在地面上的设备捡起来，先用右手握着地线的自由端，并且手指呈合拢紧闭状。他的右手就这么通过电阻最小的裸露导体和地面连接。

最后，他用左手抓住金属零件中的单极插头，构成了插入电源插座的天线导体的末端。然后达蒂洛暂时将手中的导体末端暂时丢在地毯上，同时拾起了地线。

悲剧就这样发生了。他左手的线路末端自然存在有来自道路网络上的电压。不论是无知还是突然头脑短路，他没有意识到电压会直接施加到他的左手，而地板上厚厚的地毯将达蒂洛和地面完全隔离开来，所以整个装置只有通过他的身体来产生电流。当他抓住线路末端的时候，刚接触就发生了强直性收缩，使两个致命的金属在两只手中进一步收紧了，因此，达蒂洛必然在很短的时间内受到了电击，电流是由于他在电网和大地之间直接插入的电阻产生的，电流取决于电压，即爱迪生的额定电压，为160V。

由此可以得出结论，“导致他死亡的原因是完全错误的操作……对于电气工程基本知识的无知……不太可能是因为头脑短路……并且该事故与无线电设备本身毫无关系”。

1927年11月17日，意大利国家法令2207号颁布。该法令宣布了“EIAR”广播公司的成立，即意大利无线电广播机构，也就是“RAI”广播公司的前身。该公司承担了意大利无线电联盟的职能，成员包括通用电气公司、SIP（皮埃蒙特水力发电公司）和菲亚特公司，并且1923年起获得无线电节目的许可。1930年，《无线电时刻》更名为《无线邮报》，在广播中也不乏无线电传声设备的广告，随着国内外产品的蓬勃发展，这些设备得到了越来越多的推广。1937年推出的“巴利拉收音机（*Radio Balilla*）”并不是某一商业品牌制造的产品，而是一个国家性的项目。当时，一些重要的品牌都加入了该项目，大家各取所长发挥自身优势。结果只需用一些并不贵重的材料就制成了当时最流行的无线设备，售价低至430里拉。

多年以来，无论是矿石收音机还是后来的半导体收音机，对于那些想要在家中自己组装设备的无线电爱好者们来说有着非常大的吸引力。因而，介绍这方面技术的杂志也就应运而生了。这些杂志不仅配有接线图，还添加了设备构造的说明。《无线邮报》也开设了同样的主题专栏，翁贝托·图奇（Umberto Tucci）就在其中展示了他的《技术词典》。

1924年6月，法国手工业者周刊第一期《D系统说明周报》出版了。周刊的《足智多谋无线电》部分分享了一些简化组装和安装天线的实用方法，若要更好地接收无线电波，必须为房屋配备良好的空气系统。于是，人们每周都可以从中学习新的技能，包括自己制造天线滤波器、可变电容器和其他配件。

虽说从1929年意大利就开始出版专为无线电爱好者打造的半

月刊《天线—无线》，但直到20世纪50年代这些专注于电子拼装的杂志才真正广为人知：哪怕在晶体管问世之前，在意大利也有非常多可代替的方式——正如乔里斯·伊文斯（Joris Ivens）导演的一部著名纪录片中所讲的，以及恩里科·马泰（Enrico Mattei）所期望的那样——如果你不能购买一台新的电子设备的，总是有办法自己做一个出来的。《实用系统》《A系统》《营造乐趣》《实用技巧》《四纸画报》，甚至包括《无线电杂志》和《电子质量控制》，都为年轻人打开了新世界的大门，那是他们渴望跨入的新领域。

在经济蓬勃发展的年代和晶体管的岁月里，自动唱机以手提式自动电唱机的形式进入了家庭之中，阿德里亚诺·塞伦塔诺（Adriano Celentano）唱着“来吧，一起来唱电唱机，和我们一起，耶耶耶，我终于找到了对的女孩……”。随后，无线电工学校在都灵得以创办，用以专门培养那些修理无线电相关设备的人才。导演迪诺·里西（Dino Risi）在《比基尼女郎》的续集《贫穷但美丽》中，向人们讲述了一家罗马无线电维修厂的故事。

另一方面要说的是无线电广播工作室相关的内容。那个年代出现了一位杰出的人物——工程师卡洛·埃米利奥·加达（Carlo Emilio Gadda）。1931年，他参与了梵蒂冈广播电台的建设，尽管他没有留下什么与家用收音机有关的痕迹。1953年，他为“RAI”广播公司编写了一本名为《无线电文本草拟规范》的手册。以下摘录了部分内容：

1

要在短时间内构建文本：在任何情况下，稿子都不要超过4行，每篇最好都在2行左右，更要做到每一行都文笔清晰，辞藻精妙。

↗ 玛格达尼（Magnadyne）公司的“巴利拉收音机（Radio Balilla）”
（“莱昂纳多•达•芬奇”科技博物馆摄影档案资料）

……

3

充满箴言及生涩的播音风格可能是源于激烈的（思想上的）情感，广播从业者不必对此感到惊慌。这类想法一个接着一个，有序地出现在无线电设备中，最终能够清晰地被听众所感知：就像在入场前，人们会排着队把手中的票一张张地交给安保人员一样。要实现这些想法，就要延长无线电广播的时间，并且言语必须具有连贯性，就像流动的水滴从滴管里落下一样。在复合句中，思想的每一个混乱和每一次拥挤，都会导致“广播空白”。

……

5

积极地选择连词或适当的词来处理不同内容和风格的转换。……聆听者不是先知，无法预测话题的走向，也不会知道讲话者“何时”开始说下一个想法，或者接下来的想法，或者其他的论据。

6

避免使用一连串的间接肯定和双重否定。通过简单的陈述否定来进行肯定，即对你想要肯定的对立面进行否定，这是一种友好和文明的表达方式。……“这首诗写得不沉重。”“巴贝蒂的散文不是最让人感到欣慰的。”而一连串的间接肯定则会引起相反的效果。在第二次否认时，无论聆听者的思想是多么坚定，多么清晰，都会迷失在“否定”的丛林中。每一次“否定”都让人感到折磨，就像从一片虚无的天空中突然跌落，你刚否定了前者，又会被后者否定。……比如尝试对以下一连串意图进行简化：“没有人不相信不应该向任何不缺乏辨别能力的人提出不会被接受的建议，也不会接受去否决一项不会被集体所拒绝的安排。”作为广播稿就应该为：“所有有常识的人都会承认，集体所提出的一项过得去的安排是可以接受的。”

……

8

避免在写广播稿和讲话时不由自主地押韵。没必要的押韵或者画蛇添足的韵律会破坏宣读的意义和严肃性。广播编导有从押韵中修改文字的权利。

……

11

避免使用不常用的句式和委婉曲折的表现形式，即使来源于常用语也要避免使用。并非所有的动词都可以用于任何时态、语态和人称，这是一种语法上的错误，我们必须纠正。动词“rappattumarsi”（表面和好）的第二人称直陈式现在时变位“ti rappattumi”（你表面上与我和好）会给人一种不愉快和糟糕的感觉。动词“agire”（行动，做）的第一人称复数直陈式现在时变位“agiamo”在最初听到时会让人难以理解。动词“svellere”（拔掉，根除）的第三人称复数直陈式远过去时变位“svelsero”在某种程度上来说是指“讨厌的”或者“令人厌烦的”，包括动词“dirimere”（使终止，使解决）和动词“redigere”（草拟，编写）的完成时变位也是如此。虽然它们都遵循正确的动词变位形式，然而即使是正确的语法形式和动词变位也并不能保证在具体使用这些词的过程中完全正确。

玩具

如果家里有孩子——没有也没关系，因为我们都曾是孩子——那么在家里总会有一个位置被各种各样的玩具占领着。

考古学家发现，在许多世纪以前（或许是好几千年以前），家里就出现了玩具小兵和玩偶。“克雷倍雷亚（Crepereia Tryphaena）”是罗马的一名年轻女子，她就和她喜欢的娃娃葬在一起。1889年，在罗马建造正义宫时，人们发掘出来一个石棺，里面是一个生活在公元2世纪的年轻女孩，她大约在20岁去世。陪伴她最后一程的是一个珍贵的象牙娃娃，高约20 cm，四肢上还有关节。娃娃的脸部、发型、手和脚的做工都非常精美。

经过仔细考究，专家发现，陪葬的物品中应该有象牙娃娃的衣服，但现场并未找到，只能看到装衣服的箱子和一系列精美的珠宝。

从克雷倍雷亚的象牙娃娃到美国美泰公司生产的芭比娃娃，虽然跨越了近2 000年，但是玩具娃娃实际的发展历程并不长。为了有更近距离的感受，我们怀着期望在阁楼上翻翻找找，想寻到一些熟悉的身影，还有那19世纪下半叶进入欧洲市场的瓷面娃娃，更不应该被人们遗忘。帕里安玩偶（parian dolls），或者称为帕罗斯玩偶（头部是用与白色帕罗斯大理石相似的瓷器制作的），主要由德国的Alt Beck & Gottschalck公司生产，其脸部通常无任何着色。

其实，在第一次世界大战前，这些瓷面娃娃就已经在德国取

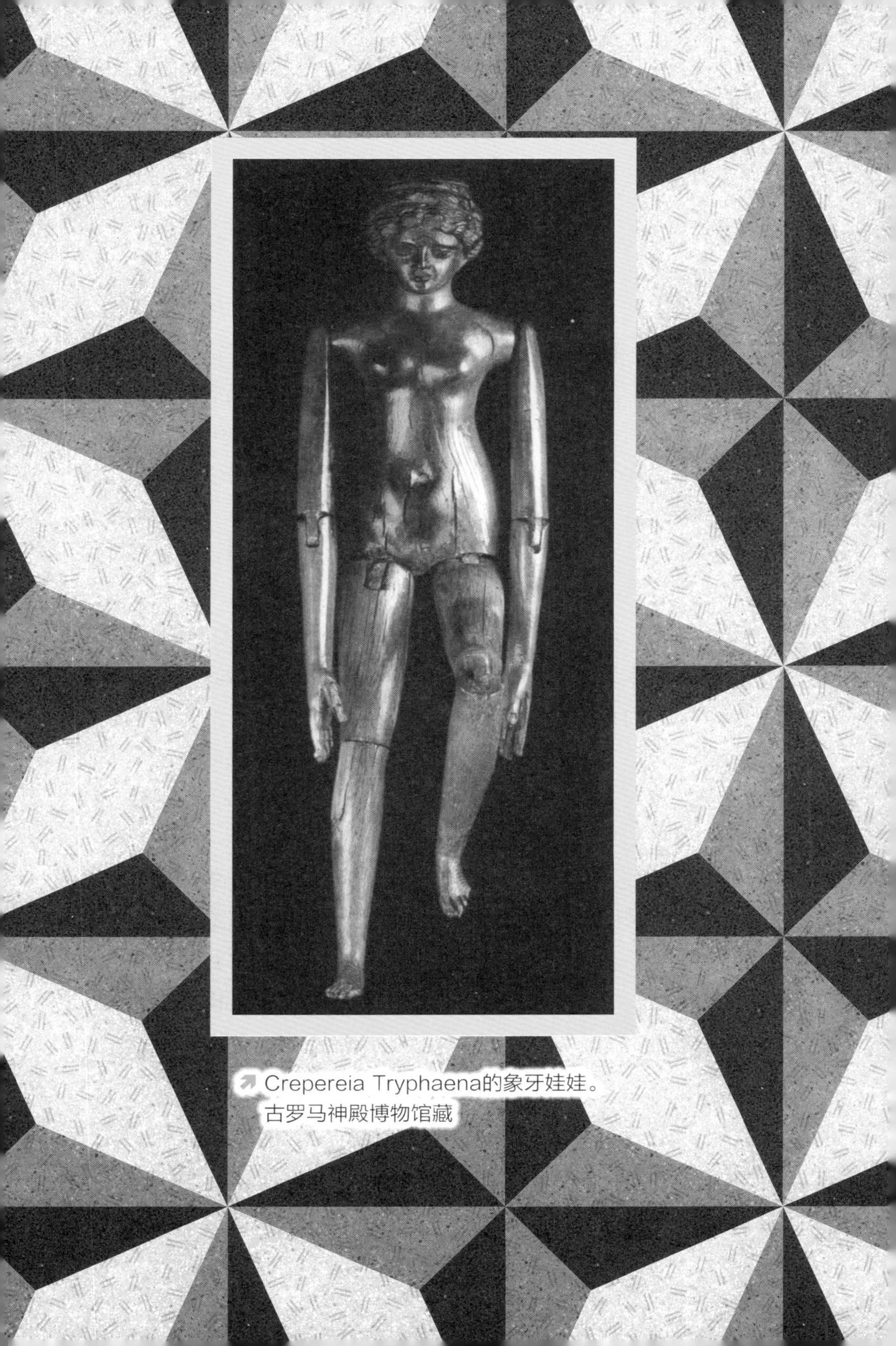

Crepereia Tryphaena的象牙娃娃。
古罗马神殿博物馆藏

得了巨大的成功，而且没多久，市场就发展到了法国，成为了众多公司的旗舰产品。也因此，巴黎还开发出了这些洋娃娃的时髦服装的贸易，贸易重心位于巴黎第二区的舒瓦瑟尔拱廊街（Passage Choiseul）。

在意大利，作家科洛迪（Carlo Collodi）笔下著名的木偶匹诺曹成为了一种木质玩偶，和布娃娃一起出现在了街头市场和乡村集市的摊位上。而“伦奇（Lenci）”这个娃娃品牌直到20世纪20年代才出现。“Lenci”这个名字是拉丁语的一则格言“ludus est nobis constanter industria（玩乐是我们的日常）”的首字母缩写。1919年4月23日，恩里科·斯卡维尼（Enrico Scavini）在都灵注册了“伦奇”的商标，他打算创办一家生产普通玩具和儿童家具、装饰品、套件的公司。

“伦奇”这个名字似乎是乌戈·奥杰蒂（Ugo Ojetti）创造出来的，与斯卡维尼的妻子海伦·科尼格（Helen Koenig）的昵称十分相似，而科尼格就是一位玩偶设计师。她设计的玩偶脸部是陶瓷的，身体和衣服是彩色的。在第二次世界大战前，艺术陶瓷这一重要产业在马里奥·斯特拉尼（Mario Sturani）的支持与指导下，一直都是意大利工业的动力与支撑。

从《飞飞鼠》到《小黑卡利麦罗》，电视偶像层出不穷。为此，娃娃产业也在与时俱进，紧跟潮流。然而，尽管意大利在20世纪60年代诞生了瑟比诺（Sebino）娃娃和格瓦西奥·基亚里（Gervasio Chiari）设计的美丽的奇奇奥（Cicciobello）娃娃，也没能遏制住外国竞争者的冲击所造成的产业衰落。而芭比娃娃，以及1978年由黛比·莫尔黑德（Debbie Morehead）和泽维尔·罗伯茨（Xavier Roberts）设计的椰菜娃娃在全世界广受孩子的喜欢。

洋娃娃也需要一个家，经常搭配不同的服饰和家装，这些常

20世纪50年代的伦奇牌娃娃

会让人想起生活中琐碎的物品。这些娃娃其实承载着我们对未来的幻想与憧憬。

把历史留给收藏家们吧，我们来说说宜家公司在2014年开始出售的斯贝克萨（Spexa），这是一种娃娃屋，做成了一本书的样子，里面有4个不同的房间，可以折叠，便于存放。而尤其值得一说的是胡赛特（Huset）娃娃屋。它的客厅里摆放着按比例缩小的宜家公司某些产品的复制品，如：克利帕（Klippan）的沙

发、毕利（Billy）的书架、威格（PS Vågö）的扶手椅、法姆尼希亚塔（Famnig Hjärta）的心形靠垫和拉克（Lack）的茶几。

更令人惊讶的是由儿童慈善机构发起的一项针对英格兰残疾儿童的竞赛活动。一些建筑和设计领域的“重量级人物”受到邀请来设计针对不同个体的玩具屋。活动结束后这些玩具屋在拍卖会上售出，并取得了巨大的成功。比如，扎哈·哈迪德（Zaha Hadid）设计的“一定是这里（*This must be the place*）”拍卖价格高达1.4万英镑，创下了成交额的最高纪录。而此次拍卖会的拍卖总额也超过了9万英镑。又如盖伊·哈洛维（Guy Hallowey）设计的娃娃屋，受到了比利时画家马格里特（Magritte）作品“这不是娃娃屋（*This is not a dolls' house*）”的启发。而英国工作室阿莫德尔斯（Amodels）设计的娃娃屋则由复杂的房间和家具组成，设置的场景是受到了猫王埃尔维斯·普雷斯利的启发，其中就有小木偶海岛奇兵（Playmobil）。由胖胖建筑（Fat Architecture）工作室与格里森·佩里（Grayson Perry）合作设计的房子中，还涉及了虚拟现实技术，里面还有20世纪80年代的电子游戏。

是不是觉得技术含量太高了？其实还有一种简单木制的立方体，有人称它们为“小立方”，也许是为了纪念木偶匹诺曹。孩子们用简单的几个木块就能发挥他们丰富的想象力，而那时的建筑流行风格也开始从新哥特式转向了自由风。

麦卡诺（Meccano）积木就是在这样的情况下出现了。

在这种情况下，由于我对丽迪亚和麦卡诺同样喜爱，所以我最终决定用麦卡诺来吸引丽迪亚。我很谨慎，因为我绝不能向卡洛透露我的第二个目标，于是只向他解释了中间的计划。……在丽迪亚的命名日当天，我们决定组装一些特别的、意想不到的，甚至从未出现在麦卡诺公司发布的不靠谱的插图小册子中的东西。我以为丽迪亚不会受骗，因为她认识卡洛，卡洛只是个执行者，是一个小螺栓，而真正的发明者和创造者是我，……摆在她面前的机器是我私人且隐秘的心意，是一份编码的声明。

——摘自普利莫·莱维（Primo·Levi）

《麦卡诺之恋》（*Meccano d'amore*）

这是普利莫·莱维关于“红娘”麦卡诺的浪漫回忆。这种玩具的历史可以追溯到1901年，当时英国利物浦的一名普通职员弗兰克·霍恩比（Frank Hornby）申请了一项“儿童和青少年教育设备的改进”专利，这是一个名为“简单机械”（Mechanics Made Easy）的金属玩具。从各个方面来看，它都是麦卡诺的前身。

穿孔间距为半英寸（12.7 mm）的金属棒是第一版的标准尺寸，要组装螺钉和螺母只需要一把螺丝刀和一个小扳手就够了。由于事业的成功，霍恩比在杜克街上开了一家自己的工作室。1907年，注册了商标“麦卡诺”，从此，这个名字也正式取代了“力学一点通（Mechanics Made Easy）”。次年5月，麦卡诺有限责任公司成立。不久之后，新的办事处和工厂也在国外建立了。

著名的麦卡诺建筑手册大概从1908年起开始出版发行，并且

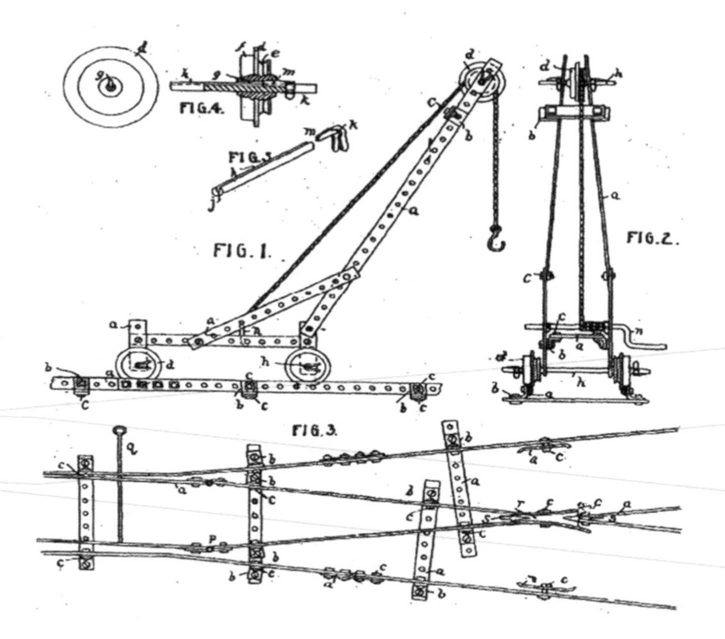

1901年弗兰克·霍恩比申请的专利

一直发行到了20世纪80年代初期。

在成功构思了25年后，即1926年，霍恩比推出了彩色麦卡诺（经典的红色和绿色），并且在不久之后，其他盛行的颜色也陆续被采用。虽然这个玩具的功能和颜色经过了不少变换，但是它始终保持着其基本结构。在20世纪50年代后期，引入了第一批塑料元件和90个新的“零部件”，玩具结构更加灵活和新颖。

众所周知，在创新者的身后会有许多竞争者，他们争先恐后地想要追寻前辈的路径。因为麦卡诺的成功，许多人试图与其竞争，但最终以失败告终。其中，值得一提的是玩具升降机，可以称为“美国版的麦卡诺”。它是由阿尔弗雷德·卡尔顿·吉尔

MECCANO
HORNBY'S ORIGINAL SYSTEM—FIRST PATENTED IN 1901
STANDARD
MECHANISMS
STANDARD MECHANICAL MOVEMENTS
CONSTRUCTED AND DEMONSTRATED
WITH MECCANO
COPYRIGHT BY MECCANO LTD., BINNS ROAD, LIVERPOOL 13
U.K.

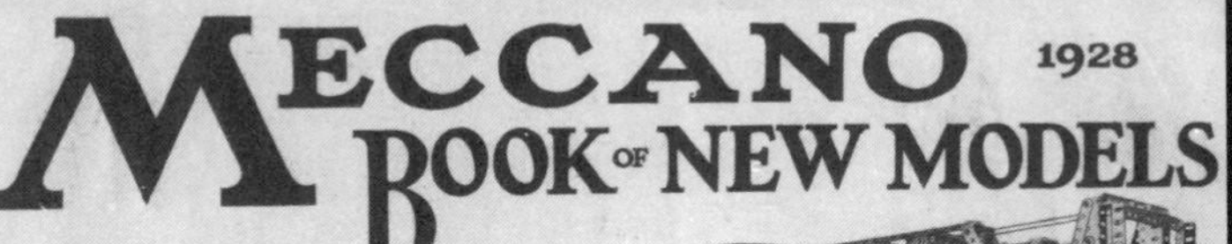
MECCANO 1928
BOOK OF NEW MODELS

PRIZE-
WINNING
MODELS,
MOVEMENTS
AND
IDEAS
OF THE
YEAR
9D.

伯特（Alfred Carlton Gilbert）于1911年设计的，灵感来自于铁路桥梁的金属结构。它曾在纽约玩具展上展出。这些玩具最初是由迈斯托（Mysto）制造公司生产的，取名为“*The Erector*”（安装者）或者“*Structural Steel and Electro-Mechanical Builder*”（结构钢和机电建造商），之后很快被定义为是“具有启发性和趣味性”的玩具。1914年，迈斯托制造公司更名特制迈斯托（The Mysto）。不久，吉尔伯特重组了公司，成立了雷德·卡尔顿·吉尔伯特公司，玩具的包装盒上便出现了“吉尔伯特安装者——像结构钢的玩具”的标语。虽然吉尔伯特取得的成功并不比霍恩比小，但是当他1961年去世后，他的公司便开始进入了不可阻挡的衰落中，直到2000年，法国人麦卡诺收购了该品牌。要知道，“安装者”在美国收获了绝对的最高纪录：它是第一个具有个性化和高强度广告宣传的玩具，并在1998年进入了美国国家玩具名人堂，而与“安装者”合作的大型教育游戏馆也在康涅狄格州的埃利惠特尼博物馆找到了一席之地。

还有比隆的乐高玩具，也是我们不应该忘记的。它有着构造这一永恒主题，也是儿童玩具的标志之一。乐高玩具诞生在丹麦人克里斯蒂安森（Ole Kirk Christiansen）的木匠铺里。从20世纪30年代开始，克里斯蒂安森用他生产家具余留下来的废料制造玩具，其中包括著名的砖砌乐园。克里斯蒂安森为他的玩具取名为“乐高”（LEGO），来源于丹麦语“leg godt”（好玩），也引用了拉丁语动词“lĕgo”，意为“放在一起”“组装”。

直到20世纪40年代后期，随着塑料的出现，乐高也开始了属于自己的新纪元。后来的乐高机器人（Lego Mindstorms）还开始与麻省理工学院（MIT）和美国航天局（NASA）合作，他们在一些积木中并入了可编程处理器。

玩具之所以能走进家庭之中，是因为家里的小朋友会受到广

乐高玩具风靡全球，走进了新纪元。后来的乐高机器人还开始与麻省理工学院和美国航天局合作，他们在一些积木中并入了可编程处理器

告和流行趋势的影响，从而做出他们的选择。自从纽伦堡市成为欧洲玩具业的中心以来，德国工业抓住了每一个机会。应该说，在第二次世界大战后经济重建的岁月里，意大利也制造了不少本土品牌。如“克莱门多尼（Clementoni）”“珍贵的玩具（Giochi Preziosi）”“启迪（Quercetti）”等意大利玩具品牌的名字也广为人知，且不仅局限于孩童之中。

最重要的是，启迪品牌的玩具还有一些神奇之处。创始人亚历山德罗·奎尔塞蒂（Alessandro Quercetti）出生于意大利的雷卡纳蒂（Recanati），在很小的时候就搬到了都灵。他最初只是西屋电气公司（Westinghouse）的一名钳工。然而他对飞行有着极大的热情，并促使着他创造了许多带有弹性推进器的飞行玩具模型。1939年，意大利加入第二次世界大战，他获得飞行执照后成为一名歼击机和轰炸机的士官。战争结束后，他进入了因科游

戏（InCo Giochi）玩具公司，担任玩具设计师，他在那里几乎更新了目录中的所有产品。机械青蛙、插有印第安白羽毛的马、都灵电车、内燃小汽车、阿鲁迪巴汽艇、拖拉机、帆船、特快动车、陆地动车、电车轨道、八轨电车道和685 / A型号火车，其中的一些产品也是为了铁路模型制造商“里瓦罗西（Rivarossi）”所生产的。

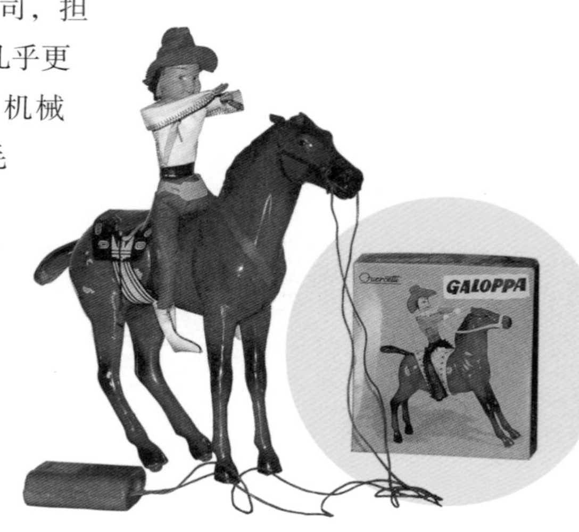

玩具加洛帕马在20世纪60年代的广告

当因科陷入危机时，奎尔塞蒂得不到工资，他不得不找一份新工作，与此同时，他决定生产自己的新玩具，并建立自己的品牌“启迪（Quercetti）”。1950年12月，玩具加洛帕马问世。

我大约有900个玩具马。圣诞节快到了，我流转于都灵的商店之间，急急忙忙地想卖掉它们……但这是一次生意上的惨败。大多数马都出现了问题：引擎脱离了马身！到了次年1月，我让商家挨个通知购买了这个玩具马的顾客，并召回了所有的玩具马，把坏的玩具马替换掉。然而，到了第2年，我却取得了出乎意料的成功。

奎尔塞蒂的玩具公司代替了失败的因科游戏玩具公司，他自己也成为了一位真正的企业家，他创立的霍普拉（Hopla）品牌生产了一系列玩具机械马，让685 / A型号玩具火车电动化，还发

Una giornata Quercetti è una giornata di gioco

ore 10: **georello**®

Georello? Sì. E' una novità-sorpresa di Quercetti.
Per chi? Per voi più piccini (dai 3 ai 7 anni). Per fare, disfare, rifare...
Che cosa? Tutto. Subito. In un attimo.
Tutto ciò che la fantasia inventa, e le vostre manine sanno fare. Con le piastrine grandi grandi, con i chiodini rossi e gialli, verdi e blu...
Georello:
un gioco per mille giochi.
Confezioni da L. 1200 e L. 1800.

Quercetti

“启迪的杰奥莱洛系列（Georello Quercetti）”，适合儿童玩的麦卡诺塑料积木

道尔导弹玩具；奎尔塞蒂设计的滑翔机仍在生产

明了两种拉着小推车的玩偶。

后来还诞生了著名的彩色钉子板玩具、道尔导弹玩具等。尤其值得注意的是道尔导弹玩具。1959年，道尔导弹玩具把要征服太空的“美国梦”带到了意大利。该导弹玩具能发射到高达100 m的高空中，然后通过降落伞缓缓地落下，拥有它是每个小男孩的梦想。

自1967年以来，启迪牌万花尺垄断了意大利的市场。除此之外，还出现了如“天狼星（Sirius）”和“里贝拉（Libella）”等品牌的高性能橡胶动力玩具飞机。还有“杰奥莱洛”齿轮玩具也是值得一提的，这是一种适用于儿童的塑料可拼装玩具，在1972年获得了意大利著名的“金匹诺曹奖”。

现在，虽然上述的大部分玩具都闲置在了每家每户的阁楼或地下室里，但它们一定会如同平板电脑里最新的应用软件一样，是不会被人们忘记的。

1 2 3
4 5 6
7 8 9
* 0 #
RCL CLR
STO END
VOL

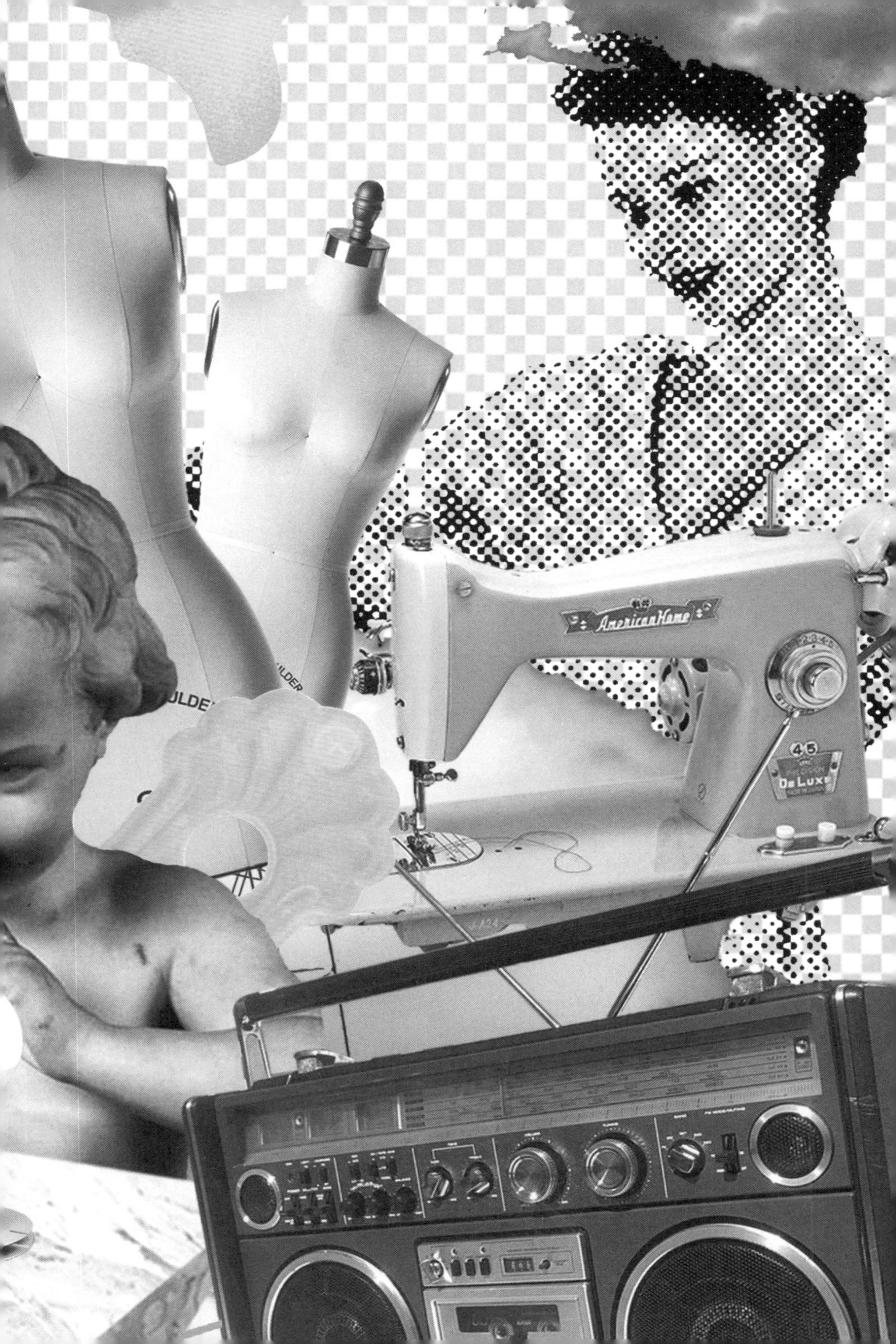
American Home
45
De Luxe

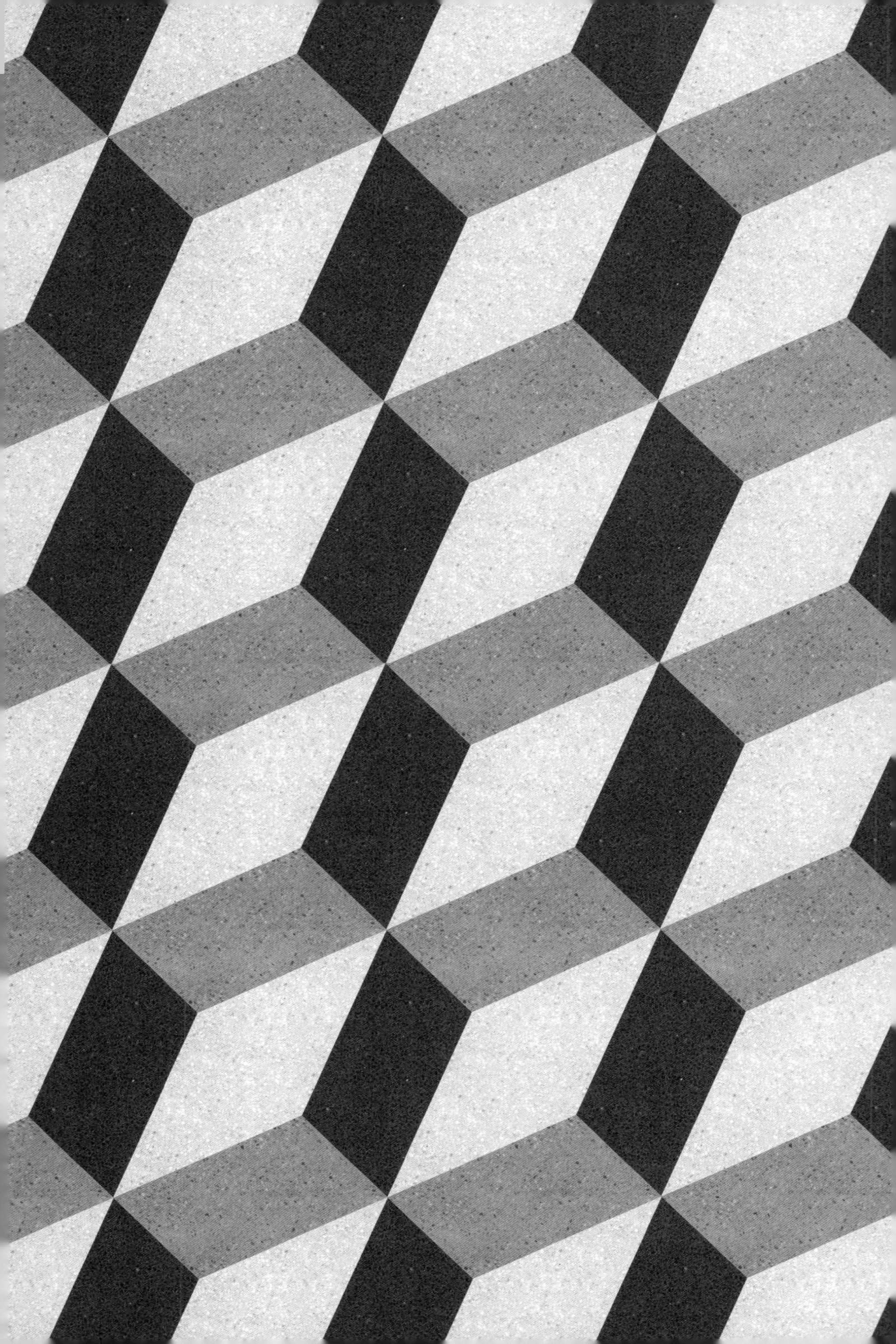

相关知识

每个人在搬家之前，是不会知道自己家里到底有多少东西的，无论你的家有多小。直到安伯托·艾柯（Umberto Eco）在《无限的清单》一书中，对各个领域都列了清单。令人难以置信的是，人们所有的箱子和盒子都装满了东西，似乎永远没有尽头。因为大家都不了解如何对物品进行分类，所以不知道该把它们放到哪里去。不过在连谷歌也变成了信息管理员的当下，一切似乎都变得容易起来了，但是在硬件超负荷的情况下，还是需要我们自己处理。

虽然我们在本书中已经尽可能详尽地讨论了家里的各种物品，但是在最后，我们还是意识到漏掉了很多事情。不过单单在一本百科全书里面，又怎么可能讲完所有的东西呢？所以，抛开家具和衣服、洗涤剂和化妆品、读物和食品，接下来，我们将对很多尚未讨论到的事物，尝试着进行初步分类。

厨房抽屉中：

汤匙、叉子、菜刀、长勺、小漏勺、锅、长柄煎锅、锅盖、漏斗、开瓶器、胡桃夹子、刨丝器、捣槌、餐用剪刀等。

浴室内：

刷子及其他刷子、梳子、剃刀、浮石、剪刀、指甲钳等。

修理工具：

锤子、螺丝刀、手钳及其他各种铁钳、木锉及其他锉刀、星型扳手及其他扳手、钉子、螺丝、楔子、钻机等。

带轮子的东西：

购物手推车、婴儿车、溜冰鞋、滑板等。

箱包容器：

花瓶及其他各类瓶子、桶、手提箱及其他各类箱子、背包、文件夹、盒子、篮子等。

清洁物品：

扫帚、拖把、鸡毛掸子、刷子等。

可视物品：

镜头、眼镜、双筒望远镜、幻灯机、电影放映机、电视等。

气动物品：

自行车打气筒、充气床垫、救生衣、高压锅、吹风机、风扇等。

机械物品（发条和电动）：

手表、计时器、电动剃须刀、搅拌机、切片机、电动牙刷等。

加热物品：

电加热器、烤面包机、油炸锅、煎锅、卷发棒等。

娱乐物品：

木偶、玩具兵、皮球、足球、小汽车、球拍、雪橇、滑雪板、脚蹼、潜水镜等。

还有一样东西不能忘记，它就像沙子一样，是家庭生活退化为无序的最后阶段，那就是垃圾。垃圾聚集着家庭生活中的一切废物，但它同时也是家庭生活忠实的见证者。伊塔洛·卡尔维诺曾在其著名短文《可爱的垃圾桶》（*La poubelle agréée*）中赞扬了“垃圾桶”。《可爱的垃圾桶》这篇短文写于1974—1976年，当时卡尔维诺住在巴黎。1977年2月，这篇文章首次以“比较文学”类别出版，后来收录在卡尔维诺去世后出版的《圣约翰之路》（*La strada di San Giovanni*）文集中。“可爱的垃圾”，看起来是矛盾的，然而，在卡尔维诺的笔下，垃圾是我们这个消费社会中美丽而沉重的映射。越来越多的垃圾产生出来了，就像卡尔维诺笔下《隐形的城市》（*Città invisibili*）中的里奥妮亚城（Leonia）一样。

事实上，人们欢迎清道夫就像欢迎天使一样，他们在充满敬意的静默中搬走昨天的遗迹，这似乎是足以激发宗教虔诚的一种仪式，不过也许因为人们丢弃东西之后就不愿再想它们。没有人会问这些垃圾的去向——当然是出城了。城市每年都在扩建，垃圾场就必须移到更远的地方。垃圾量增加了，垃圾也堆得更高，在更宽的周界里层层堆起来。

——摘自伊塔洛·卡尔维诺《隐形的城市》

围绕着垃圾所带来的城市危机，人们怀抱着空想，焦急不安地对垃圾进行分类收集，但这并没有消除人们那可怕的梦境。在梦里，垃圾似雪崩一般，“淹没了这座城市，而城市的反抗毫无意义”。我们不是应该对垃圾桶感到羞愧，反而……

对于家务活，唯一一个用不着太多的技巧，就能满意地完成的事情就是倒垃圾了。倒垃圾这项家务活可分为几个步骤：首先拿起厨房里的垃圾桶，再把桶里的垃圾倒入车库里更大的一个容器中，然后把这个容器移到门外的人行道上，接着由街道的清洁工把这个容器中的垃圾倒入他们的垃圾车里……

我走下楼梯，弯着胳膊，手握着把手，小心翼翼地提着垃圾桶。我尽量不让它晃动得太厉害，免得把垃圾晃出来。我通常会把垃圾盖留在厨房里：这个盖子真让人不舒服，它的作用就是把垃圾掩盖起来，以及要丢垃圾的时候打开一半……

把垃圾扔到外面去（我也是这么生活的）可以被理解为是某种习惯，在这种习惯之下，……一种净化的习惯，丢弃自己的一些垃圾，无论是垃圾桶里的垃圾，还是哪里来的残渣，都不重要，重要的是在这一日常行为中，我明白了自我分离的重要性，即如同动物的蜕皮，蝴蝶脱离蝶蛹，又或者柠檬榨出汁，这一切的目的就是为了留下生活的本质，为了在我第二天醒来的时候，拥有完整的自己，没有任何残渣，我知道我是谁，我知道我拥有什么。只有扔掉一些东西，我才能确定我拥有哪些东西，或许这些东西永远都会属于我……

我与垃圾桶之间的关系是，我通过丢掉一些东西来确认我所拥有的。看着果皮、果壳、包装盒和塑料容器，会带来一种消费了其中内容的满足感，而那个把垃圾倒入垃圾车的人，则会得到一种拥有财产数量的概念，虽然这些财产都不是他的，在他面前的这些不过是些无法再使用的残骸罢了。

——摘自卡尔维诺《可爱的垃圾桶》

在那不勒斯方言中，如果要说“垃圾”的话，会使用“转喻”的修辞（比如“容纳的东西”会说成“容器”），用“pobèlla”这个词来代替。“pobèlla”这个词来自于法语“poubelle”（垃圾桶）。正是在这个词中我们找到了一个文明的真正本质，即在不断发展的同时，无用的东西也在不断地增长。

在19世纪末，巴黎焕然一新，成为了一座“光之城”，时任塞纳省省长1884年3月7日颁布法令，要求所有房东都要向租户提供3个带盖的金属容器，容积40~120 L。一个用来放我们现在所说的有机垃圾，一个用来放废纸和布类，一个用来放陶瓷、玻璃和牡蛎壳。垃圾分类就这样诞生了。

古罗马语中的“munditia”（清洁）这个词，在几个世纪的发展中，已变为了意大利南部方言中的“munnezza”和“munnizza”，皮埃蒙特大区和利古里亚大区方言中的“rumenta”，艾米利亚–罗马涅大区（意大利北部，博洛尼亚所在的大区）方言中的“rusco”和“rosk”，威内托大区方言中的“scoassa”，的里雅斯特方言的“scovaze”，还包括撒丁大区方言中的“buscarmene”，以及米兰方言中的“rüff”（源于希腊语“rupos”）。在庞贝城进行的考古发掘表明，当时普通百姓生活垃圾的减少是因为几乎所有东西都在重复使用：甚至会劈开烤小山羊的骨头来吸吮里面的骨髓。在中世纪，每户每周产生的垃圾不超过1 kg。今天呢？以艾米利亚–罗马涅大区为例，人均垃圾产量从1996年的每人531 kg/年，到2000年增加到每人661 kg/年。垃圾的数量呈指数级增长。

垃圾箱和垃圾，
大自然从这里开始……
小妇人的垃圾桶内，
每天都会发生无数真实的故事，
毋庸置疑，
它才是故事的看护者。

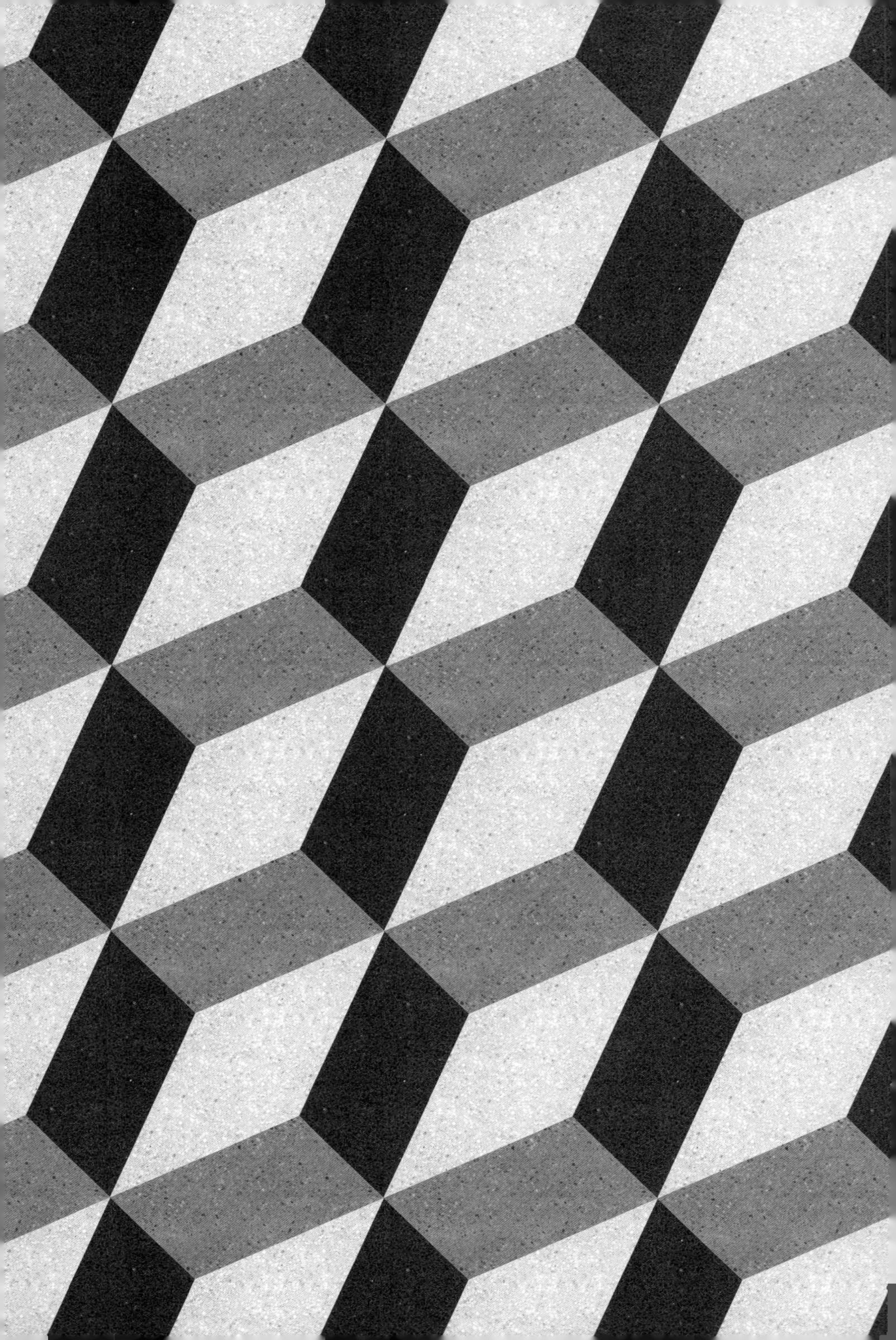

后记

我们正经历着的这场新革命，正在改变事物的秩序，“笨重且可持续物质”正在让位于“灵活轻便的信息”。

在这个以信息为财富来源的新社会中，房屋也在发生变化。从一方面来说，如果将一切都缩小到手掌般大小，其制作量在半个世纪前就需要整栋建筑体积那么大。无论是房屋还是公寓，都会进行缩小和精简。在未来社会中，哪怕就在现如今，我们对那些与我们有关的大量数据和信息存放在何处，以及我们为自己的生产作出了哪些贡献，已不再有物理上的认知。我们的居所不再是物质上的空间，而是过境空间。

如果这看起来像是科幻小说，那么就想想人们之前所熟悉的壁炉吧，然而在后工业时代之后，它已消失数十年了。一栋房子里不仅没有壁炉，甚至没有锅炉，因为人们发明了供暖系统来将之替代。又或者当房屋内没有阳台或露台把衣服晾干的时候，洗衣机就顺势出现，这是一台远远超出了勒·柯布西耶想象的机器。

此外，在这个信息与通信技术的创新社会中，或者说在这个知识社会中，其组成成员可活动性的极限不再与他们所处的实质物质环境相关，而是在于网络系统中的各个空间之内，因为人们能在这里共享非本地化物品。

非物质化和减轻重量不仅是变革的动力（技术进步势不可挡），还是经济和社会变革的结果。在21世纪初，席卷西方的危

机不断蔓延，房地产市场也因此行情暴跌，尽管疯狂的泡沫经济导致房价上涨，但最终还是破裂了。如今，对于一个普通家庭来说，尽管有两个人的薪水，但也只能勉强负担起一套公寓，而且其面积只有上一代人居所大小的一半，并且当时每家只有一人来支撑收入。简而言之，如今的房子越来越小，因此没有多少空间来存放东西。另一方面，智慧城市里拥有无线网络，通信不再局限在固定的位置上，而是可以在虚拟空间中自由“遨游”，哪怕是从纽约到新加坡，因为在现实中，它也仅作为一种全球化的全球系统。这样来看，在过去，如果家庭里没有接入线路，那么人们使用电话就必须前往公众场合，或者电话亭，而现在它们已经被手机（更确切地说是智能手机）所替代，至少从连接方式来看，它们能够在家庭中使用。

家里存放书籍越来越少了，科技的进步有时可能是一个充满诱惑的魔鬼：平板电脑、电子阅读器和笔记本电脑让人们怀疑纸质书在现在是否已经过时了。但另一方面，我们又可以借此来掌握整个图书馆的资源。

因此，作家暂时屈服于这种诱惑。所以，许多服务于纸质写作的资源都被转移到了木箱中尘封，为未来的冒险而准备着随时复活。谁知道呢……当平板电脑坏了，并且技术上无法修复时，人们会说“买一个新的会更划算，再说还有2年保修期”。那么那时我们是否将想起在地下室的它们，是否会抹去纸箱上布满的灰尘，翻开书，而那纸张可能已经泛黄。

致谢

在10多年前，我就开始在《机器解剖》（*Autopsie di macchine*）中剖析房屋中的物品，这些物品已成为了我的这场冒险过程中真正的伙伴：不仅在教室和大学实验室，包括会议期间和科学工作的夜晚，尤其是在图书馆和档案室里进行的研究，以及在阁楼和地下室里，甚至在垃圾箱或生态中心的附近。更让我难以忘记的是在马萨诸塞州阿默斯特的垃圾场，因为我在那里找到了一台吸尘器的“残骸”，它成为了我在北安普敦学院某堂表演课上的主角。

电话和自行车、留声机和厨房机器人、咖啡机和收音机，它们不仅是技术更新的产品，还是蕴藏了最奇妙故事的宝箱，那宝箱里有回音、诗词，各项发明专利，还有流行歌曲、文学语录、广告和电影预告片。正因如此，如果没有朋友们的帮助、建议和批评，我无法完成本书的编写。所以，我要感谢：阿德里亚娜·坎佩桑（Adriana Campesan）、阿德里亚娜·弗里森纳（Adriana Frisenna）、阿尔贝托·塔格利亚费罗（Alberto Tagliaferro）、安娜·博塔（Anna Botta）、卡拉·曼佐尼（Carla Manzon）、卡特琳娜·奥利维蒂（Caterina Olivetti）、基娅拉·奥塔维亚诺（Chiara Ottaviano）、克里斯提娜·契里（Cristina Cilli）、丹妮尔·古蒂埃（Daniele Gouthier）、费德里卡·卡萨尼（Federica Cassini）、弗朗切斯科·佩纳罗拉（Francesco Pennarola）、弗朗克·加斯帕里

（Franco Gaspari）、富尔维奥·卡瓦卢奇（Fulvio Cavallucci）、加布里埃·达·卡洛（Gabriele Dal Carlo）、加勒特·布林克（Garret Brinck）、杰弗里·戈德堡（Geoffrey Goldberg）、杰罗姆·拉蒙尼（Gerôme Ramunni）、贾科莫·贾科比尼（Giacomo Giacobini）、吉安卡拉·马勒巴（Giancarla Malerba）、吉安弗兰科·阿尔比斯（Gianfranco Albis）、吉安卢卡·特里维罗（Gianluca Trivero）、乔亚·智利（Gioia Chilese）、乔治·阿佐尼（Giorgio Azzoni）、乔治·门齐奥（Giorgio Menzio）、朱塞佩·O·隆戈（Giuseppe O.Longo）、哈肯·比约尔斯霍尔（Haakon Bjoershol）、伊吉诺·扎瓦蒂（Igino Zavatti）、吉姆·希克斯（Jim Hicks）、约翰·R·希特尔（John R. Dichtl）、卢卡·特佐洛（Luca Terzolo）、露西安娜·库里诺（Luciana Curino）、马可·波勒（Marco Bolle）、玛格丽塔·邦乔瓦尼（Margherita Bongiovanni）、马克·特博（Mark Tebeau）、玛丽亚·罗莎·门齐奥（Maria Rosa Menzio）、玛丽娜·福里兹（Marina Forlizzi）、马里奥·博洛格里诺（Mario Broglino）、马西莫·德·安吉利斯（Massimo De Angelis）、马西莫·内格罗蒂（Massimo Negrotti）、马西莫·沃兰特（Masimo Volante）、莫拉·塞里奥利（Maura Serioli）、迈克尔·莫尔丁（Michael Mauldin）、奥利维亚·穆索（Olivia Musso）、保罗·德·赞（Paolo De Zan）、保罗·格罗斯（Paolo Grossi）、保罗·普拉托（Paolo Prato）、罗伯托·卢多维科（Roberto Ludovico）、罗伯托·马西耶罗（Roberto Masiero）、萨拉·卡拉布罗（Sara Calabrò）、塞尔吉·诺瓦雷（Serge Noiret）、蒂齐亚娜·米亚诺（Tiziana Miano）、维托里奥·博（Vittorio Bo）、赞姆斯·埃德蒙森（Zames Edmondson），还有许多帮助了我的朋友，如果我遗漏了你们的名字，我在这里请求你们原谅。

我还要感谢莫罗·卡尼吉亚·尼科洛蒂（Mauro Caniggia Nicolotti）提供了电话发明者曼泽缇的宝贵历史细节；感谢拉法兰（La Vallée）印刷厂提供了曼泽缇相关发明的图像资料；感谢勒·柯布西耶基金会提供了萨伏伊别墅的相关资料，以及非常感谢安德里亚·奎塞蒂提供了玩具的图像资料。

还要感谢都灵科迪切（Codice）出版社的恩里科·卡萨德（Enrico Casadei）和基娅拉·斯坦加利诺（Chiara Stangalino），没有他们这本书将永远不会诞生。感谢“联合设计”（“undesign”）工作室的汤玛索·德尔玛斯特罗（Tommaso Delmastro）和西尔维亚·维吉洛（Silvia Virgillo）为本书所做的平面设计和“白”（“white”）工作室对每个章节开篇插图的设计。

最后，同样要感谢朱塞佩（Giuse）、埃琳娜（Elena）和恩里科（Enrico）。